시원폭발
함수

시원폭발 함수

수학의 길을 열어주는 변화무쌍 함수 공부

초판 1쇄 2022년 12월 12일
초판 2쇄 2024년 5월 20일
지은이 수냐 | **편집기획** 북지육림 | **본문디자인** 운용, 히읗 | **종이** 다올페이퍼 | **제작** 명지북프린팅
펴낸곳 지노 | **펴낸이** 도진호, 조소진 | **출판신고** 2018년 4월 4일
주소 경기도 고양시 일산서구 강선로49, 916호
전화 070-4156-7770 | **팩스** 031-629-6577 | **이메일** jinopress@gmail.com

ⓒ 수냐, 2022
ISBN 979-11-90282-56-7 (03410)

시원폭발 함수

수냐 지음

지노 사이다 수학 시리즈 5

수학의 길을 열어주는 변화무쌍 함수 공부

함수가 판치는 시대,
함수를 한 차원 높게 이해하자!

function이 함수의 영어라는 걸 알고 '이건 뭐냐?'라고 했던 때가 기억납니다. 함수를 function이라고 할 줄은 상상조차 못했습니다. 그만큼 함수에 대해 잘 몰랐던 거죠. 만약 함수를 제대로 알고 있었다면, function이라는 말을 듣고 '옳거니!' 하면서 책상을 쳤을 겁니다.

함수에 대한 오해는 함수를 수의 하나라고 미뤄 짐작하던 때부터였습니다. 어떤 수인지는 모르겠지만, 음수나 무리수처럼 뭔가 어려워 보이는 수일 거라고 생각했습니다. 하지만 함수를 공부하며 주로 봤던 건 y=f(x) 또는 y=x²-2x+3 같은 수식이었습니다. 그렇다고 그걸 이상하게 생각하며 따져본 건 아니었습니다. 함수가 무엇인가에 대한 궁금증은 애당초 없었던 것처럼 수식과 그래프를 그냥 공부했습니다.

수식과 그래프는 함수에서 아주 중요하죠. 함수의 규칙을 기호와 이미지로 보여주니까요. 그 규칙을 통해 현상을 이해하는 게 함수의 주요 포인트였습니다. 과학의 법칙은 함수의 그런 특징을 잘 활용해왔습니다. 현상을 함수로 표현하는 경향은 이제 다른 분야에서도 자연스럽습니다.

그런데 컴퓨터가 등장하면서 함수식으로서의 함수는 물론이고, 대응으로서의 함수가 많이 활용되는 것 같습니다. 함수 본연의 모습이 두드러지고 있는 것이죠. 고객의 질문에 답변해주는 채팅앱, 사다리타기 놀이 같은 게임, 적절한 음악이나 영화를 추천해주는 프로그램 등이 (알고 보면) 대표적입니다. 입력 하나에 출력 하나를 대응시키는 함수입니다.

컴퓨터의 시대를 함수의 시대라고, 저는 말하고 싶습니다. 컴퓨터 자체가 함수이고, 컴퓨터를 기반으로 해서 작동하고 있는 각종 앱이나 프로그램도 함수입니다. 컴퓨터 프로그래밍은 일정한 역할을 해내는 함수식을 만들어내는 과정이고요. 더욱 기발하면서도 유용한 함수, 완벽한 역할을 해내는 함수를 사람들은 오늘도 만들어가고 있습니다.

함수라는 개념은 컴퓨터와 더불어 갈수록 활발하게 활용됩니다. 함수 역할을 해내고 있는 것들이 세상을 획획 바꿔갑니다. 그에 맞춰 함수를 보다 깊고 근본적으로 이해할 필요가 있습니다. 그래야 함수를 제대로 활용할 뿐만 아니라, 함수에 관한 문제를 잘 해결할 수 있으니까요. 이 책이 함수를 공부하는 분들에게 많은 도움이 되기를 바랍니다. 책이 출판될 수 있도록 늘 지원해 주신 지노출판사와 편집자, 디자이너에게 감사를 드립니다.

2022년 12월

수냐 김용관

차례

'너를 사랑해'는 수학적 함수이다.

'사랑해'는 상수이고, '너를'은 변수이다.

'I love you' is a mathematical function where,

'I love' is a constant, 'you' is a variable.

1부

함수를 왜 배울까?

01

수도 아닌데
왜
함수라고 하지?

수학을 공부하다 보면 흔히 마주치게 되는 게 함수라지만, '함수가 뭐냐?'라고 물어오면 답하기가 참 곤란하다. 그 정체가 아리송하기 때문이다. 함수는 식인 것 같기도 하고, 그래프인 것 같기도 하다. 무엇보다 함수라는 말 자체가 탁 하고 걸린다. 수가 아닌 것 같은데 함수라고 하는 바람에 함수의 정체는 더 헷갈린다.

함수를 들먹일 때마다 어렵게 느껴지는 것은 함수라는 이름 자체다. 이름만으로 보면 자연수, 분수, 음수처럼 수의 종류 중 하나인 걸로 착각하기 쉽다. 하지만 함수는 수의 종류 중 하나를 말하는 게 아니다. 함수가 수를 다루기는 하지만, 함수 자체는 수가 아니다. 함수와 수는 그 대상이 확연히 다르다. 그런데도 수라는 말을 붙여놓았다.

함수가 수가 아니라는 사실은, 함수의 영어 단어를 보면 확실해진다. 함수는 영어 단어 function을 번역한 말이다. function은 '작용하다' 또는 '기능하다'의 뜻이다. 그 어디에도 수를 뜻하는 number라는 말이 보이지 않는다. 함수는 수와 관련되지만, 수는 아니다. 함수라는 말은 지시하는 대상을 바로 연상시켜주지 않는다. 헷갈리게 할 뿐이다.

수가 아니면 함수는 '함(box)'일까? 잠수함이나 국기함처럼 무언가를 담는 함 말이다. 함수의 '함(函)'은 상자(box)를 뜻하는 한자이지 않은가! 그래서 함수를 설명할 때마다 함이 등장하곤 한다. 한자 그대로 해석하면 함수는 '담겨 있는 수' 또는 '수를 담은 상자' 정도의 뜻일 것이다.

　이름대로라면 함수는 수와 관련된 '상자'인 것 같다. 하지만 함수라는 말의 역사를 보면 꼭 그렇지만은 않다. 함수는 영어 function의 번역어로 중국에서 19세기 중반에 등장했다. 왜 함수라고 했을까? 函數의 중국어 발음은 'hanshu'인데 실제로는 function과 비슷하다. 발음이 비슷하면서 function의 의미를 담은 말로 채택된 게 함수다(발음과 무관하다는 주장도 있다).

　상자나 함으로서의 함수는 비유이지 실제가 아니다. 함수를 상자로도 볼 수 있다는 뜻이다. 농담을 진담으로 받으면 곤란하듯이, 비유를 실제로 여기면 곤란하다. 정확한 해석과 이해가 필요하다.

찰스 에드워드 페루기니, 〈판도라의 상자〉, 1893.

판도라의 상자.

각종 질병과 재앙이 퍼져나가고 희망만이 유일하게 남아 있는 상자다.

'판도라의 항아리'를 잘못 번역해 '판도라의 상자'로 알려져 있다고 한다.

함수라는 말도 사연이 있는 번역어다.

그 대상과 의미를 제대로 이해하자.

변화무쌍한 함수, 헷갈리게 한다

　함수가 뭔지 정확히 파악하기 어려운 이유는, 함수가 워낙 변화무쌍하기 때문이다. 함수는 참 다양한 형태로 표현된다. 그러다 보니 뭐가 함수인지 헷갈린다.

　함수라고 하면 수식을 쉽게 떠올린다. 중학수학에서 배우는 대표적인 함수는 일차함수와 이차함수다. 일차함수는 $y=ax+b$의 형태로, 이차함수는 $y=ax^2+bx+c$의 형태로 표현된다. 고등수학에서는 $y=a^x$ 형태인 지수함수, $y=\log_a x$ 형태인 로그함수, $y=\sin x$ 또는 $y=\cos x$ 형태인 삼각함수가 등장한다. 언뜻 보면 'x를 포함한 수식이 함수인가 보다'라고 생각하기 쉽다.

　'수식이 곧 함수'라는 생각이 꼭 틀린 건 아니다. 수학에서 다루는 함수 대부분은 수식으로 표현된다. 그래도 수식이 곧 함수인 건 아니다. 모든 함수가 수식으로 표현되는 것도 아니다. 함수 자체와 수식은 다르다. 수식은 함수가 쓴 가면 중 하나에 불과하다.

　수식으로서의 함수는 곧장 그래프로도 모습을 바꾼다. 일차함수는 직선으로, 이차함수는 포물선으로 표현된다. 지수함수, 로그함수, 삼각함수도 각기 고유한 형태를 지닌 그래프가 된다.

어떤 형태로라도 x를 포함하고 있는 모든 식은

x의 함수라고 불린다.

Any expression which contains x in any way is called

a function of x.

—

수학자 오거스터스 드모르간(Augustus De Morgan, 1806~1871)

수식인 줄 알았던 함수는 갑자기 그래프가 돼버린다.

집합은 함수가 표현되는 또 다른 모습이다. 이런 변신은 고등수학에서 이뤄진다. 수식이나 그래프인 줄 알았던 함수는 갑자기 집합이나 원소, 대응 같은 용어로 다시 표현된다. 순서쌍 (x, y) 같은 모습을 띤다. 그러면서 함수는 다이어그램으로 둔갑해버린다. x, y 같은 문자가 아니라 영어나 한글 같은 문자까지 등장한다.

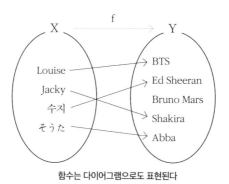

함수는 다이어그램으로도 표현된다

함수의 변신은 계속된다. 상자나 함이 되기도 한다. 집합에서 함수는 f로 표기된다. 그러다가 수식의 입장을 취할 때는 함수를 y=f(x)라고 말한다. 방정식에서 자주 언급되는 f(x)가 함수에서도 언급되다 보니, 함수와 방정식을 헷갈리게 사용하는 경우가 많다.

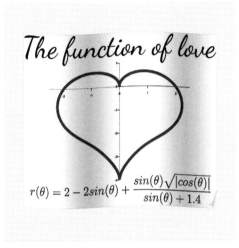

The function of love, 사랑의 함수

하트 모양을 그려낸 수식이 보인다.

정확히 말하자면 위 그래프는 함수가 아니다. 방정식이다.

방정식과 함수, 헷갈리기 일쑤다.

사랑스러운 마음으로 이해는 해주되, 알고는 있자.

—

함수의 정의마저도,
헷갈린다

〈

"두 변수 x, y에 대하여 x의 값이 정해지면 y의 값이 오직 하나만 정해질 때, y는 x의 함수라 한다."

중학수학에서 소개되는 함수의 정의다. 변수 x, y를 언급한다. 수식과 관계된다는 뜻이다. 함수의 조건 하나가 제시되어 있다. x가 정해질 때 y가 정해지면 된다. 그러면 y는 x의 함수가 된다.

이 정의를 곰곰이 보라. 조건을 통해 함수를 x와 y 사이의 관계로 설명했다. 포옹하는 걸 보니 찰리는 수연이의 연인이라고 말한 것과 같다. 둘 사이에 함수 관계가 성립한다고 말한 것이지, 함수 자체가 뭔지를 구체적으로 말하지는 않았다.

함수는 중학수학에서 수식 위주로 정의되어 있다. 그러면서 함수 자체에 대한 정의는 빠져 있다. 중학생의 수준을 고려한 배려겠지만 학생들로서는 헷갈릴 수밖에 없다. 게다가 함수의 정의는 고등수학에서 달라진다.

"두 집합 X, Y에 대하여 X의 각 원소에 Y의 원소가 오직 하나씩 대응할 때, 이 대응을 X에서 Y로의 함수라 한다."

    고등수학에서 소개되는 함수의 정의다. 수식을 위주로 설명했던 중학 시절과는 달라졌다. 집합과 원소라는 말이 등장한다. 수식은 어디에도 보이지 않는다. 그래도 유사한 점은 있다. 하나씩 대응한다는 조건이다. 표현은 다르지만 하나씩 대응해야 한다는 맥락은 같다. 그 조건이 함수에서 필수적이라는 뜻일 것이다.

    위 표현을 자세히 보라. 함수가 뭔지를 구체적인 단어로 명시해놓았다. '대응'이다. 일정한 조건을 만족하는 대응이 함수라고 밝혀놓았다. 함수는 수도 아니고, 함도 아니고, 수식도 아니란다. 대응이란다. 무슨 말인지 감이 잘 잡히지는 않지만, 그래도 고맙다. 함수가 뭐라고 콕 찍어줬으니까. 함수를 이해하려면 대응이라는 키워드를 잘 붙잡고 가야 한다.

02

컴퓨터
프로그래밍에서
함수가 왜 나와?

함수는 다양한 형태로 표현된다. 함수가 3, 4나 삼각형처럼 특수하고 구체적인 대상이라면 그럴 수 없다. 다양하게 변신이 가능하다는 것은, 함수가 이론적이고 추상적이기 때문이다. 개념이나 아이디어일수록 널리 활용되는 법이다. 함수는 이제 컴퓨터 프로그래밍에서도 튀어나올 정도로 두루 활용된다.

> 성공적인 직장생활을 위한 '함수' $Y = aX - b$
> 저자는 마케팅 사이언스 전문가로 20년 직장생활의 노하
> 우로 회사성장과 워라밸을 전제로 한 자기주도적 회사생
> 활을 누구나 쉽게 이해할 수 있는 일차함수 형태로 구성했
> 습니다. —mbn 뉴스 2022년 2월 4일 기사

새로 나온 책을 소개하는 기사의 제목과 일부 내용이다. 성
공적인 직장생활을 위한 방법을 소개한다. 제목이 특이하다. 책
제목이 일차함수 형태를 띠고 있다. 일과 삶의 균형을 맞출 수 있
는 노하우를 일차함수로 제시했다. 직장생활에서 어떤 게 필요하
고, 어떤 방식으로 조절해야 하는가를 구체적이고 명확하게 제시
한다는 점을 함수로 표현했다.

• mbn 뉴스, 2022.2.4, https://www.mbn.co.kr/news/life/4693234

> '블로킹과 승패의 함수관계' OK금융그룹 *vs* 한국전력
>
> 오늘 경기도 중원에서의 대결이 관심거리다. 한국전력은 서재덕, 박찬웅, 신영석, 다우디까지 4명의 블로킹 득점이 인상적이다. OK금융그룹도 박원빈, 차지환, 조재성에 이어 레오까지 블로킹에서 밀리지 않아야 한다. 블로킹과 승패의 함수관계가 어떤 결과로 나타날지 벌써부터 궁금해진다. ─스포츠타임스 2022년 1월 30일 기사[*]

한국전력 팀과 OK금융그룹 팀 간의 배구 시합을 소개하는 기사다. 시합에서 관전 포인트는 블로킹이다. 블로킹에 능한 선수들이 양쪽에 포진해 있기 때문이다. 블로킹을 얼마나 잘하느냐가 승패를 결정지을 거라고 예측한다. 블로킹을 어떻게 해내느냐가 승리하느냐 패배하느냐를 좌우한다. 블로킹과 승패가 긴밀하게 얽히고설켜 있다. 그런 관계를 함수라는 말에 담아 표현했다.

---

[*] 스포츠타임스, 2022. 1. 30, http://www.thesportstimes.co.kr/news/articleView.html?idxno=334689

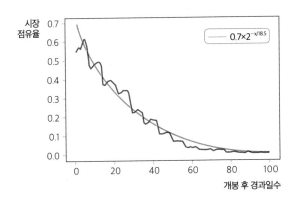

시장
점유율

$0.7×2^{-x/18.5}$

개봉 후 경과일수

영화 개봉 후 경과일수와 시장점유율의 관계

홍행 상위 영화 10개의 시장점유율을 나타내는 그래프다.

영화 개봉 후 경과일수에 따라

시장점유율이 하강곡선을 그리며 줄어든다.

그 패턴은 수식, 즉 함수로 표현되어 있다.

그만큼 패턴이 뚜렷하다는 거다.

약 19일마다 시장점유율은 절반으로 줄어든다.

—

출처: https://www.hani.co.kr/arti/PRINT/847216.html

"당신이라는 여자. 아무리 더하기 빼기 해도 안 맞고, 어떤 함수도 들어맞지 않아요. 버그 맞아. 내 머릿속, 내 생활 다 헤집어 놓고 있다. 그런데 그 버그 잡고 싶지 않다. 계속 내 머릿속에 있었으면 좋겠다. 어떡할까요? 이 버그. 잡아요? 말아요?"

2016년에 방영되었던 드라마 〈운빨로맨스〉의 대사다. 4차원 끼가 있는 남성이 마음에 두고 있는 여성에게 수학적으로 말을 한다. 역시나 독특하다.

남성의 머릿속에는 늘 그 여성이 자리 잡고 있다. 그녀를 이해해보고자 남성은 온갖 생각을 해봤다. 그 과정을 더하고 빼기로 표현했다. 그러나 도대체 그녀를 이해할 수 없다. 딱 맞아떨어지지 않는다. 그 상태를 어떤 함수도 들어맞지 않는다고 말했다. 사람들이 대체로 수학을 싫어한다는 점을 감안하면, 위험하기 짝이 없는 사랑 고백이다.

여기서의 함수란, 그 여성의 정체다. 무엇이기에 내 머릿속을 계속 헤집고 다니는지 알고 싶어 하는 이유다. 남성은

$y = 2x + 3$처럼 구체적이고 명확한 함수식을 찾고 싶어 한다. 그 열망을 함수로 표현했다. 그러나 여성은 가뿐히 남성의 머리 위를 날아다닌다.

"한지평 씨는 우리랑 목적함수가 같아. 자, 봐봐. 투자자와 우리를 두 신경망이라 치고 두 신경망을 학습시켜서 내시 균형을 찾을 때를 가정해보자. (……) 두 신경망이 너무 다르면 손실함수를 구하기도 힘들고 학습시키기도 어렵잖아. 근데 목적함수가 같으면 어떻게 돼?"

2020년에 방영된 드라마 〈스타트업〉의 대사다. IT 기술을 개발하는 벤처기업이 드라마의 주요 무대다. 벤처인 만큼 인공지능이나 머신러닝 같은 최신 기술이 간간이 소개되었다. 대사에 목적함수니, 내시균형이니, 신경망이니 하는 어려운 단어들이 등장한다.

위 대사의 메시지는 간단하다. 저 대사를 말하는 사람이 한지평 씨와 같은 편을 먹어야 한다는 거다. 이유는 서로 목적이 같기 때문이다. 목적이 같기에 타협점을 찾기도 쉽고, 손실이 되는 지점을 파악하기도 쉽다는 것이다. 목적이 같다는 것을 목적함수가 같다고, 목적과의 차이인 손실을 손실함수로 리얼하게 표현했다.

의미를 아는 사람에게 목적함수나 손실함수라는 말은 입에 착 감기는 대사일 것이다. 밋밋하고 싱겁지 않다. 간을 딱 맞게 맞춰놓은 구운 계란 같다. 구체적으로 팍 와닿는다.

행복은 그 어떤 변수도 없는 함수여야 한다.

Happiness should be a function without any parameters.

—

프란수 미드하(Pranshu Midha)

컴퓨터 프로그래밍에서도 함수가!

어느 책의 목차 중 일부다. 얼핏 보면 수학책 같다. 함수, 매개변수, 인수, 입력값, 결괏값, 변수 등 수학에서 자주 접하는 용어들이다. 하지만 이 목차는 파이썬이라는 컴퓨터 프로그래밍을 다론 책의 일부다. 그런데도 거의 수학책 같은 용어들이 등장한다.

컴퓨터 프로그래밍에서도 함수가 튀어나온다. 괜히 멋있어 보이라고 그러는 건 아닐 것이다. 꼭 필요하기 때문에, 다른 말보다는 함수라는 말이 가장 적절하기 때문이다.

프로그래밍에서 함수는 필수다. 프로그래밍의 궁극적 목적을 달성하려면 군데군데서 그 목적에 맞는 함수를 활용해야 한다. 적절한 함수를 활용해 코딩을 하면 문제가 해결된다. 메타(페이스북)의 CEO 마크 저커버그는 기업 경영이 코딩과 다르지 않다면서 함수의 중요성을 다음과 같이 강조했다.

"기업 경영은 코딩과 별반 다르지 않습니다. 다양한 함수와 서브루틴을 작성하는 거죠. (……) 나는 이런 엔지니어링 마인드셋에 정말로 근본적인 요소가 있다고 생각합니다."**

함수, 용어는 모호하고 그 형태는 다양하다. 그러다 보니 그 개념을 정확히 움켜잡지 못한 채 관련된 문제를 사례별로 푸는 데 그치기 쉽다. 함수를 적극적으로 써먹는 데는 주저하게 된다.

---

* 『Do it! 점프 투 파이썬』 박응용 저, 이지스퍼블리싱, 2019.
** 『메타 페이스북』 스티븐 레키 저, 부키, 2002, 38쪽.

하지만 함수는 일상에서도 전문적인 영역에서도 두루 쓰이고 있다. 그만큼 활용할 만한 구석이 많은 개념이기 때문이다. 이제부터 그 정의를 다시금 짚어가며 함수를 좀 더 구체적이고 명확하게 알아보자.

2부

함수, 무엇일까?

03

함수는
이렇게 생겼다

함수가 무엇인지 탐구해보자. 그러려면 탐구의 대상이 명확해야 한다. 함수는 특히 더 그렇다. 함수는 다양한 형태로 표현되기 때문이다. 그중에서 가장 원초적인 형태부터 정확히 알아야 한다. 자연수 하면 1, 2, 3을 떠올리듯이 함수의 민낯을 확인해보자.

>

"두 변수 x, y에 대하여 x의 값이 정해지면 y의 값이 오직 하나만 정해질 때, y는 x의 함수라 한다." ─중학수학의 정의

"두 집합 X, Y에 대하여 X의 각 원소에 Y의 원소가 오직 하나씩 대응할 때, 이 대응을 X에서 Y로의 함수라 한다." ─고등수학의 정의

함수에 대한 서로 다른 정의다. 문장의 구조는 비슷하지만, 용어와 정의 방식이 다르다. 중학수학은 변수를 가지고 정의했고, 고등수학은 집합과 원소를 가지고 정의했다. 중학수학은 두 변수를 가지고 함수 관계를 정의했고, 고등수학은 대응이 함수라고 직접적으로 정의했다.

변수는 다양한 수로 변하는 문자를 말한다. y=2x에서 x, y는 변수다. x에 1, 2, 3 같은 수를 대입하면, 그에 따라 y도 변한다. 하나의 문자지만 여러 가지 수로 변하는 게 가능하다. 변수는 문자지만, 결국 수다.

'집합'은 여러 대상을 묶어서 부르는 이름이다. 그 대상들만의 공통점을 뽑아서 집합의 이름을 정한다. 그 대상들 하나하나를 '원소'라고 한다. 2, 4, 6, 8, 10은 10 이하인 짝수의 집합이다. 2, 4, 6, 8, 10이 원소다. 나와 동생, 부모님은 우리 가족이라는 집합의 원소다. 집합과 원소는 다음처럼 표시된다.

10 이하인 짝수의 집합 = {2, 4, 6, 8, 10}

우리 가족의 집합 = {나, 동생, 아버지, 어머니, 강아지}

원소의 대상에는 제한이 없다. 수나 도형처럼 수학의 일반적인 대상은 물론이고, '강아지'나 '동생'처럼 수가 아닌 대상도 원소가 될 수 있다. 심지어는 다른 집합을 원소로 삼는 집합도 가능하다. 자연수는 1, 2, 3 같은 원소를 대상으로 한 집합이다. 하지만 수는 자연수, 분수, 음수 같은 집합을 원소로 삼아 만들어진 또다른 집합이다.

자연수 = {1, 2, 3, 4, …}

수 = {자연수, 분수, 소수, 음수, …}

2부_ 함수, 무엇일까?

중학수학에서는 변수로, 고등수학에서는 집합으로 함수를 정의했다. 변수와 집합, 어느 게 더 큰 범주일까? 집합이다. 변수는 수나 문자만을 대상으로 한다. 집합은 수 외의 어떤 대상도 품을 수 있다. 집합이 변수보다 훨씬 큰 개념이다.

집합이 변수보다 큰 범주라는 건, 고등수학의 정의가 중학수학의 정의보다 더 넓다는 뜻이다. 중학수학에서는 현재 집합을 다루지 않는다. 수나 문자, 도형만 다룬다. 함수를 집합의 관점에서 다룰 수 없다. 그래서 변수라는 관점에서, 함수를 조금 더 좁혀서 정의했다.

함수의 정의에 있어서는 고등수학의 정의가 더 넓다. 그만큼 더 적합하다. 정의가 다루는 대상이 더 많기 때문이다. 함수를 제대로 이해하려면 고등수학의 언어로 이해하는 게 좋다. 집합과 원소라는 용어만 이해하면 충분하다. 염려 말고 도전해보자.

수학에서 가장 중요한 개념 중 하나는 함수의 개념이다.

One of the most important concepts in all of mathematics is that of function.

—

수학교수 토머스 P. 딕(Thomas P. Dick)

>

"두 집합 X, Y에 대하여 X의 각 원소에 Y의 원소가 오직 하나
씩 대응할 때, 이 대응을 X에서 Y로의 함수라 한다."

고등수학의 정의를 좀 더 들여다보자. 말이 길기는 하다. 단
순한 것부터 정리해가자. 함수가 무엇을 대상으로 하는 수학인지
부터 명료하게 정리하자.

함수의 대상은 명료하다. 집합이다. 구체적으로는 두 개의 집
합이다. 서로 다른 두 개의 집합을 대상으로 하는 게 함수이다. 집
합에 속하는 원소가 아니다. 원소와 원소 사이에 벌어지는 일이
함수와 관련은 있지만, 함수의 직접적인 대상은 원소가 아니라 집
합이다. 원소 사이에 벌어지는 일만 가지고 함수네 아니네 하지
않는다. 집합과 집합을 보고서 함수인지 아닌지를 판단해야 한다.

"두 집합 X, Y에 대하여 함수라 한다."

집합은 굉장히 다양하다. 수나 문자가 아닌 어떤 대상도 집합

의 원소가 될 수 있다. 원소의 개수 역시 다양하다. 원소가 많을 수도 있지만, 원소가 한두 개 심지어는 원소가 하나도 없는 공집합도 있다. 원소가 유한개인 집합과 무한개인 집합도 있다. 명료하게 정의할 수만 있다면, 개수나 원소는 아무런 상관이 없다.

다양한 집합이 가능하기에, 함수는 널리 응용될 수 있다. 집합으로 묶일 수 있는 대상이라면 함수의 대상이 된다. 그렇기에 수학을 벗어나 신문 기사의 제목으로, 드라마의 대사로, 컴퓨터 프로그래밍의 언어로도 사용된다.

수학의 표준적인 토대는 집합과 그 원소로 시작한다.

집합의 원소가 아니라 집합 사이의 함수를 공리화함으로써

다르게 시작하는 것도 가능하다.

범주와 보편적 구성의 언어를 사용함으로써 가능하다.

The standard "foundation" for mathematics starts with sets and their elements.

It is possible to start differently,

by axiomatising not elements of sets but functions between sets.

This can be done by using the language of categories and universal

constructions.

—

수학자 손더스 매클레인(Saunders Mac Lane, 1909~2005)

두 집합이 있다고 해서 모두 함수가 되는 건 아니다. 두 집합 사이에서 특별한 일이 일어나야 한다. 아무런 일도 안 일어난다면 그건 두 집합이 그저 있을 뿐이다. 사랑의 불꽃이 튀지 않는 두 사람은 연인이 아닌 것과 같다.

집합 사이에서 일이 일어난다는 게 무슨 말일까? 집합 사이에서 벌어지는 일이란, 집합과 집합의 연결이다. 이쪽 집합이 저쪽 집합과 연결된다. 어떻게 연결되느냐는 달라질 수 있지만, 집합 사이의 연결이 전부다. 집합 사이의 일이란, 집합의 대응이다.

집합은 원소로 이뤄져 있다. 고로 집합이 대응한다는 것은, 이쪽 집합의 원소가 저쪽 집합의 원소에 대응한다는 것이다. 집합의 대응은 원소들끼리의 대응으로 그 모습을 드러낸다.

"두 집합 X, Y에 대하여 X의 각 원소에 Y의 원소가 오직 하나씩 대응할 때, 이 대응을 X에서 Y로의 함수라 한다."

X는 대응의 주체가 되는 집합이고, Y는 대응의 대상이 되는

집합이다. 함수는 두 집합 사이의 대응이지만, 조건이 붙어 있다. 그 조건이 지켜져야 함수란다. 대응만 한다고 해서 모두 함수가 되는 건 아니다. X의 '각 원소에' Y의 원소가 '오직 하나씩 대응'해야 한다. 이 조건이 지켜지는 집합 사이의 대응이 함수다.

"X의 각 원소에 Y의 원소가 오직 하나씩 대응할 때, 함수라 한다."

TV 프로그램 〈나는 솔로〉의 한 장면을 그림으로 그려보았다. 솔로들이 모여 커플이 되어보라는 취지의 프로그램으로, 남녀 각 6명이 참여했다. 며칠 동안 같이 모여서 자기소개도 하고 데이트도 하면서 커플을 찾아가도록 도와준다. 위 그림은 첫인상만으로 남성들이 맘에 드는 여성 한 명을 선택하는 '남자의 선택' 결과다.

남자의 선택 때는 남성이 주도권을 가진다(여성이 주도권을 갖는 경우는 따로 있다). 선택받지 못한 여성도 있고, 여러 명으로부터 선택받은 여성도 있다.

참여자는 두 개의 집합이다. 남성의 집합 X와 여성의 집합 Y. 남성 참가자를 순서대로 a, b, c, d, e, f라 하자. 여성 참가자는 ㄱ, ㄴ, ㄷ, ㄹ, ㅁ, ㅂ이다. '남자의 선택' 결과가 대응인데, 그 대응은 순서쌍으로 표시된다. 3이 5에 대응한다면 (3, 5)이다. 대응의 주체를 앞에, 대응의 대상을 뒤에 표기한다. '남자의 선택' 결과는 다음과 같다.

X = { a, b, c, d, e, f }

Y = { ㄱ, ㄴ, ㄷ, ㄹ, ㅁ, ㅂ }

선택결과 : (a, ㅁ), (b, ㄹ), (c, ㅁ), (d, ㅁ), (e, ㄹ), (f, ㄴ)

'남자의 선택'이기에 남성들은 모두 선택의 기회를 가졌다. 단, 오직 한 명의 여성만 선택해야 한다. 이것이 규칙이다. 모든 남성은 규칙에 따라 오직 한 명의 여성만 선택했다. 이런 대응이 '각 원소에, 오직 하나씩 대응'이다.

'각 원소에, 오직 하나씩 대응'인지 아닌지를 확인하려면, 대응의 주체만 보면 된다. 일단 집합 X의 원소가 빠짐없이 모두 대응해야 한다. '각 원소에'의 의미가 바로 이것이다. '오직 하나씩 대응'이란 집합 X의 원소들이 집합 Y의 원소 하나와만 대응하는 것이다. 남성들이 여성 한 명만 선택하는 것과 같다(대상이 서로 겹칠 수도 있다).

집합의 대응이 함수가 되려면 '각 원소에, 오직 하나씩 대응'이라는 조건이 요구된다. 그 조건은 대응의 주체가 되는 집합 X에 대한 것이다. 대응의 대상이 되는 집합 Y와는 상관이 없다. 집합 Y에는 신경 쓰지 않아도 된다. 집합 X의 원소 모두가 집합 Y의 원소 하나와만 대응하면 된다.

$>$

"두 집합 X, Y에 대하여 X의 각 원소에 Y의 원소가 오직 하나
씩 대응할 때, 이 대응을 X에서 Y로의 함수라 한다."

무엇을 함수라고 했는가? 자질구레한 단어들을 다 빼버리고
나면 다음의 문장만 남는다.

"대응을 함수라 한다."

대응이 함수란다. 대응 자체를 함수라고 부른다. 함수의 구
체적인 모습은 대응이다. '대응의 구체적인 모습이 뭐지?'라고 고
개를 갸우뚱하는 사람이 있을 것이다. '남자의 선택'을 떠올려보
라. 그 결과를 나타낸 순서쌍 전부가 대응이었다. (a, ㅁ), (b, ㄹ),
(c, ㅁ), (d, ㅁ), (e, ㄹ), (f, ㄴ). 이 순서쌍들이 대응이고, 그 순서쌍
전부가 함수다.

함수란 대응이다. 그 대응은 순서쌍으로 표현된다. 그래서

대응의 결과로 만들어진 순서쌍 전체가 바로 함수의 구체적인 모습이다. 함수는, 순서쌍의 집합이다. 어떤 원소 하나의 대응이 아니라, 대응 전체의 집합이다. $x_1, x_2, x_3, \cdots, x_n$이 집합 X의 원소이고, 각 원소에 대응하는 Y의 원소가 $y_1, y_2, y_3, \cdots, y_n$일 때 함수는 다음과 같다.

함수 $= \{ (x_1, y_1), (x_2, y_2), (x_3, y_3), \cdots, (x_n, y_n) \}$

$X = \{ x_1, x_2, x_3, \cdots, x_n \}$

순서쌍의 집합이 함수다.

생성함수는,

전시하기 위해 우리가 일련의 숫자들을 걸어놓는 빨랫줄이다.

A generating function is

a clothesline on which we hang up a sequence of numbers for display.

—

수학자 허버트 윌프(Herbert S. Wilf, 1931~2012)

04

**함수는
프로그램이다**

함수의 구체적인 모습은 순서쌍의 집합이었다. 함수가 어떻게 생겼는지 알았으니, 이제 그 함수에 대해 본격적으로 탐구해보자. 우선 함수가 무슨 일을, 어떻게 하는지 알아보자. 함수의 겉모습에 휘둘리지 말고, 함수의 원래 역할이 무엇인지 명확하게 이해해보자.

$$\text{함수} = \{(x_1, y_1), (x_2, y_2), (x_3, y_3), \cdots\cdots, (x_n, y_n)\}$$
$$X = \{x_1, x_2, x_3, \cdots\cdots, x_n\}$$

순서쌍의 집합은 함수이므로, 순서쌍의 집합을 만들어내는 어떤 것도 함수다. 순서쌍 만들기 하면 가장 많이 생각나는 건, 사다리타기다. 사다리타기는 각자 분담할 돈 액수를 결정하거나, 벌칙 또는 역할 등을 정할 때 많이 사용된다. 한 사람당 하나의 결과가 연결된다. 사다리타기를 해서 다음과 같은 순서쌍이 만들어졌다고 하자. 순서쌍 (x, y)에서 x는 사람이고, y는 분담 액수다.

사다리타기
$= \{(준, 만 원), (니키, 공짜), (타오, 천 원), (수지, 삼만 원)\}$

결과를 보라. 한 사람당 하나씩, 어떤 사람도 빠지지 않게 연결되었다. 완벽한 순서쌍이 만들어졌다. 그 결과는 순서쌍의 집합으로 표현된다. 완전한 순서쌍의 집합이 되었으므로, 사다리타기 역시 함수다.

순서쌍의 집합을 만들어내는 것이라면 그 어떤 것도 함수가 된다. 물론 '각 원소에, 오직 하나씩 대응'이라는 조건이 있다.

함수는 순서쌍을 만들어낸다. X의 원소를 Y의 원소에 대응시킨다. 사다리타기가 각 사람의 몫을 결정해주는 것처럼, 함수는 어떤 일을 해내는 힘이다. function is force. 그 힘으로 일정한 기능을 수행한다. 그 기능이란, 짝을 지어줘 순서쌍을 만들어내는 것이다. 고로 함수는 기능이다. function is function! 그래서 함수를 영어로 function이라 한다.

기능은 보통 눈에 구체적으로 보이지 않는다. 머리로 이해하면서 마음과 정신으로 보는 것이다. 구체적으로 보이는 것은 기능을 수행하는 기계 또는 그 기능으로 인한 결과다. 그래서 함수를 function의 첫 글자인 f로만 표시한다.

>

함수의 대상은 두 집합이었다. 하나의 집합을 다른 집합에 대응시킨다. 그래서 함수를 아래와 같이 집합의 언어로 표현한다.

$$f: X \longrightarrow Y \quad \text{또는} \quad X \xrightarrow{f} Y$$

함수는 집합 X를 집합 Y에 대응시키는 어떤 기능 f다. 그 대응의 방향을 화살표로 표현한다. 화살표는 X에서 Y로 향한다. 그리고 그 옆 또는 위에 f를 꼭 표기해준다. 그 화살표를 가능하게 하는 힘이자 기능이 함수이기 때문이다. 그 f가, X에서 Y로의 함수다. 여기서 중요한 집합은 X다. X의 원소가 어떻게 대응하느냐가 함수인지 아닌지를 결정한다.

함수는 집합 기호만이 아니라 다이어그램으로도 표현된다. 함수f가 어디에 쓰여 있는지 보라. 원소들의 대응 위에 있지 않다. 집합인 X와 Y 사이에 있는 화살표 위에 있다. 집합 X를 집합 Y에 대응시키는 게 함수라는 뜻이다. 이 다이어그램은 'f: X → Y'

와 같은 뜻이다.

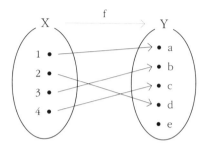

집합 X를 정의역이라 한다. 함수가 정의된 구역이란 뜻이다. 집합 Y는 공역이라 불린다. X와 같이 제시된 구역이다. 공역은 Y 전체를 말한다. Y의 원소 중 실제로 대응한 원소들이 치역이다. 대응된 값(値, 치)들의 구역이다. 위 그림에서 공역은 {a, b, c, d, e}이지만, 치역은 e가 빠진 {a, b, c, d}이다.

2부_ 함수, 무엇일까?

옛날 사람들이 새로운 함수를 발명했을 때,
그들은 뭔가 유용한 것을 염두에 두고 있었다.
In the old days when people invented a new function
they had something useful in mind.

—

수학자 앙리 푸앵카레(Henri Poincaré, 1854~1912)

함수는
프로그램이다

함수는 원소들을 대응시킨다. 능동적이다. 괜히 함수를 힘에 비유하는 게 아니다. 힘이 물체의 운동 상태를 바꿔버리듯이, 함수는 원소들을 하나씩 짝지어버린다. 이쪽의 원소 모두를 저쪽의 원소 하나와 대응시킨다. 이쪽의 원소를 저쪽의 원소로 둔갑시켜 버린다.

순서쌍을 만들어내는 힘이자 기능인 함수이기에, 함수는 프로그램이다. 이 집합과 저 집합을 대응시켜주는 프로그램이다. 대응의 방향이나 성격은 프로그램에 따라 달라진다. 일정을 짜는 프로그램을 보라. 2시에는 입장하고, 2시 30분부터는 오징어 게임을 한다. 4시에는 게임을 마치고 우승자를 가린다. 프로그램이란, 시간대별 일정이다. 프로그램은 (시간대, 일정)이라는 순서쌍의 집합인 함수다.

내비게이션 프로그램을 보자. 목적지를 입력하면 좋은 경로를 추천한다. 그 프로그램을 이용하는 사람들의 어떤 입력에 대해서도 최적의 경로를 추천한다. 목적지에 추천경로를 대응시킨다. (목적지, 추천경로)라는 순서쌍의 집합을 만드는 함수다.

동영상 추천 프로그램은, 시청 중인 동영상 다음에 적합한 동영상을 추천한다. 그 사람의 경향, 시각, 시청 중인 동영상의 성격 등을 감안해 다음 동영상 하나를 대응시킨다. (현재 동영상, 다음 동영상)이라는 순서쌍의 집합을 만들어내는 함수다.

컴퓨터 프로그램 역시 함수다. 한글이나 워드 프로그램을 떠올려보라. 이용자가 자판을 통해 입력하면 그에 맞는 반응을 하도록 만들어져 있다. 스페이스 키를 누르면 한 칸을 띄우고, 엔터 키를 누르면 줄을 바꾸도록 한다. 이용자가 입력하는 신호 하나하나에 반응하도록 만들어졌다. (입력, 출력)이라는 순서쌍의 집합을 만들어내니까 함수다.

혁신의 속도는

연결되어 아이디어를 교환하는 사람들 총수의 함수이다.

그 속도는 인구가 늘면서, 사람들이 도시에 집중되면서 올라갔다.

The rate of innovation is

a function of the total number of people connected and exchanging ideas.

It has gone up as population has gone up.

It's gone up as people have concentrated in cities.

—

기업가 피터 디아만디스(Peter Diamandis, 1961~)

>

함수란 프로그램이다. 이것을 저것에, 입력을 출력에, x를 y
에 대응시킨다. 그 대응은 정의된 모든 원소에 대해 수행된다. 함
수는 어느 원소 하나를 바꾸는 게 아니라, 원소를 포함한 집합을
대응시킨다. 부분이 아니라 전체를 바꾼다. 시스템을 통째로 바
꾸는 프로그램이 함수다. 그 점이 함수의 어마어마한 위력이다.

이 세상에는 다양한 프로그램이 있듯이, 함수에도 종류가 무
한히 많다. 집합도 무한히 많고, 그 집합들을 대응시킬 수 있는 방
법도 무한히 많기 때문이다. 똑같은 집합에 대한 함수일지라도
대응하는 방식이 다르면 서로 다른 함수가 된다.

함수마다 기능이 다르기에 함수마다 다른 이름을 붙여준다.
그 함수의 규칙이나 특징을 포착해 함수 앞에 상세한 이름을 넣
어준다. 일차함수, 이차함수, 항등함수, 지수함수, 삼각함수 등이
그런 예들이다. 한글 프로그램, 포토샵 프로그램, 원격 화상전화
프로그램처럼 프로그램 앞에 프로그램의 기능을 밝혀주는 말을
넣어주는 것과 같다.

함수, 일정한 기능을 수행하는 프로그램이라고 생각해보라. function을 함수로 번역한 것이 꽤 그럴싸해 보인다.

어떤 대상이 들어오면 함수는 프로그램에 따라 기능을 수행한다. 그 기능에 따라 입력된 대상을 다른 대상으로 바꿔서 내보낸다. 절대로 그냥 내보내지 않는다. 자신의 확실한 흔적을 남긴다. 함수를 거치고 나면 before(전)와 after(후)가 확연히 달라진다. 마법의 상자를 스쳐 지나온 것 같다.

상자를 떠올리게 하는 함수라는 말은, 제법 잘 어울린다. 함수의 역할이나 특징을 예리하게 포착해낸 시적인 번역 같다. 시적이면서 한편으로는 매우 현실적이다. 우리 주위에는 함수 역할을 하는 네모난 상자가 꽤 많다. 자판기다. 자판기는 누르는 대로 제품을 내놓는다. 역할 면에서나 모양 면에서 말 그대로 함수다. (버튼, 제품)이라는 순서쌍의 집합이다. 함수(function)는 정말 함수(函數)다.

현실은,

시간을 거스르기도 하고 앞으로 나아가기도 하는 파동함수이다.

Reality is a wave function traveling both backward and forward in time.

—

작가 존 캐스티(John L. Casti, 1943~)

05

**함수를
기호로!**

함수는 대응이고 프로그램이기에 그 존재감을 포착하기가 쉽지 않다. 그 존재를 분명하게 드러내 줄 기호가 필요하다. 각 함수의 특징을 잘 표현해주는 간단명료한 기호라면 더 좋다. 어떤 함수들은 수학이 좋아하는 수식으로 간단히 표현된다. 어떻게 그럴 수 있는지 살펴보자.

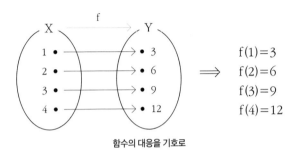

함수의 대응을 기호로

함수의 대응 관계를 기호로 표현해보자. 기호로 표현하면 함수의 대응을 수학적으로 다루기가 수월해진다.

함수 f에 의해 1은 3으로, 2는 6으로, 3은 9로, 4는 12로 대응한다. 화살표를 사용하자면 '1 → 3, 2 → 6, 3 → 9, 4 → 12'로 표현될 것이다. 이런 대응이 함수에 의한 대응이라는 걸 알려줄 필요가 있다. 그래서 각 대응을 f(1)=3, f(2)=6, f(3)=9, f(4)=12로 표현한다. f(1)=3은, 함수 f에 의해 1이 3에 대응한다는 뜻이다.

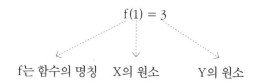

$$f(1) = 3$$

f는 함수의 명칭　　X의 원소　　　Y의 원소

　　함수 f의 모든 대응은 변수를 이용하면 하나의 식으로 표현
된다. 집합 X의 모든 원소를 x, 집합 Y의 모든 원소를 y라고 해보
자. x는 y에 대응한다. 즉 f(x)=y다. 순서를 바꿔 쓰면 y=f(x)다.

　　$y=f(x)$: x를 y에 대응시키는 함수

　　　　　　y는 x의 함수

　　y=f(x)는, 'f: X→Y'와 의미는 같고 표현 형식이 다르다. 함수
f를 원소의 입장에서 달리 정의한 것이다. x가 독립변수고, y가
종속변수다. x는 y에 대해 독립적이지만, y는 x에 대해 종속적이
다. 그래서 y=f(x)를, y는 x의 함수라고 한다. 종속변수는 독립
변수의 함수다.

　　변수와 함수의 명칭을 달리 표현할 수도 있다. 변수와 함수
의 명칭을 그때그때 바꿔주면 된다.

　　y=f(x) ⋯⋯⋯⋯⋯⋯⋯⋯⋯ y는 x의 함수, 함수의 명칭은 f

　　　　　　　　　　　　　　　　　　　2부_ 함수, 무엇일까?

$z=g(k)$ .... z는 k의 함수, 함수의 명칭은 g

ㄴ=사다리타기(ㄱ) .... ㄴ은 ㄱ의 함수,

함수의 명칭은 사다리타기

역동성은 변화의 함수이다.

Dynamism is a function of change.

—

정치인 힐러리 클린턴(Hillary Clinton, 1947~)

>

f(1)=3, g(2)=4, 사다리타기(철수)=5000에서, 3이나 4, 5000처럼 어떤 함수에 의해 대응하는 값을 함숫값이라고 한다. 함수 f에서 3은 1의 함숫값이고, 함수 g에서 4는 2의 함숫값이다. 사다리타기 함수에서 5000은 철수의 함숫값이다. f(a)=b에서, b는 a의 함숫값이다.

y=f(x)에서 y는 x의 함숫값이다. 그 함숫값들의 집합이 치역이다. 함수는 이렇듯 두 개의 변수로 정의된다(변수가 셋 이상인 함수도 가능하지만, 고등수학까지는 다뤄지지 않는다).

변수와 함수의 명칭을 달리해서 함숫값을 표기할 수도 있다. 함수의 명칭이 달라지면 그 명칭을 f 대신에 적는다. 함수의 변수가 달라지면 x, y 대신에 그 변수를 쓴다.

z=g(k) ························ 함수 g에서, z는 k의 함숫값

ㄴ=사다리타기(ㄱ) ········ 함수 사다리타기에서,

ㄴ은 ㄱ의 함숫값

함수의 규칙을 수식으로,
$f(x)=3x$

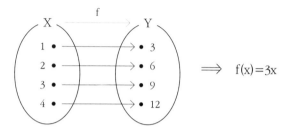

함수 f의 대응 관계에는 규칙이 있다. x의 함숫값이 x의 3배다. 함수 f에 의해 x는 3x에 대응하므로, $f(x)=3x$다. 이 식은 함수 f의 규칙을 수식으로 표현한 함수식이다. 함수식이란, x의 함숫값 y를 x에 관한 식으로 표현한 것이다. $y=f(x)$에서 $f(x)$를, x를 포함한 식으로 바꿔놓으면 된다.

$f(x)=3x$는, x를 3x에 대응시키는 함수 f라는 뜻이다. $f(x)=x^2-3x+5$는, x를 x^2-3x+5라는 규칙에 의해 대응시키는 함수 f다. $g(z)=3z+4$는, z를 3z+4라는 규칙에 따라 대응시키는 함수 g다.

$f(x)=3x$ ···················· x를 3x에 대응시키는 함수 f

$f(x)=x^2-3x+5$ ········· x를 x^2-3x+5에 대응시키는 함수 f

$g(z)=3z+4$ ················ z를 3z+4에 대응시키는 함수 g

함수 f는 $f(x)=3x$로도 표현된다. 그런데 3x는, x가 대응하는 함숫값 y다. 즉 y=3x라는 관계식이 성립한다. 함수의 규칙은 이처럼 두 변수 사이의 관계식으로도 표현된다. $y=f(x)$나 $f(x)=3x$나 y=3x는, 표현은 다르지만 의미는 같다.

$$y=f(x) \iff f(x)=3x \iff y=3x$$

수식으로 표현 가능한 함수는 다양한 모습으로 표현된다. 어떤 변수 사이의 함수인가에 주목한다면 $y=f(x)$와 같은 모습으로, 함수의 규칙을 수식으로 표현하는 데 주목한다면 $f(x)=3x$ 같은 모습으로, 함수의 두 변수가 어떤 관계를 맺고 있는가에 주목한다면 y=3x라는 모습으로 표현된다.

파도는 바다 전체가 하는 일의 함수인 것과 같이,

당신은 전 우주가 하는 일의 함수이다.

You are a function of what the whole universe is doing in the same way

that a wave is a function of what the whole ocean is doing.

—

저술가 앨런 왓츠(Alan Watts, 1915~1973)

>

y=3x 같은 관계식으로 표현되는 함수는 특별한 경우다. 그래서 두 변수 x, y의 관계식을 보고서 함수의 이름을 붙여준다. y=3x처럼 함수식이 일차식인 함수를 일차함수, $y=x^2-3x+5$처럼 함수식이 이차식인 함수를 이차함수라고 부른다. $y=a^x$ 형태이면 지수함수, $y=\log x$ 형태이면 로그함수다. 유리함수, 무리함수, 삼각함수라는 명칭도 그렇게 만들어졌다.

모든 함수가 수식으로 표현되는 건 아니다. 수식으로 표현되지 못하는 함수도 많다. 사다리타기처럼 대응으로만 표현되는 함수도 있다. 수식으로 표현되는 함수는 함수의 일부분이다. 함수라고 해서 꼭 수식을 갖는다고 생각해서는 안 된다.

수식으로 표현되는 함수는, 함수의 부분집합이다

수학에서 다루는 함수 대부분은 수식으로 표현되는 함수들이다. 그래서 함수라고 하면 x와 y가 들어간 식이라고 단정하는 경우가 있다. 실상은 그렇지 않다. 수식으로 표현되는 함수를 수학이 주로 다룰 뿐, 수식으로 표현되지 않는 함수도 많다. 조심하자.

타원함수 이론은 수학의 동화 나라이다.

가장 아름다운 관계와 개념으로 가득 찬 이 매혹적이고 경이로운

영역을 한 번 들여다본 수학자는 영원히 사로잡히고 만다.

The theory of elliptic functions is the fairyland of mathematics.

The mathematician who once gazes upon this enchanting and wondrous

domain crowded with the most beautiful relations and concepts is

forever captivated.

—

수학자 리처드 E 벨먼(Richard E. Bellman, 1920~1984)

06

함수를
그래프로!

인간은 감각 중에서 시각을 특히 발달시켜온 동물이다. 보는 것이 믿는 것이고(Seeing is believing), 보면 마음이 동한다(견물생심[見物生心]). 보이지 않으면 마음에서도 지워진다(out of sight, out of mind). 함수를 가장 확실하게 각인시키는 방법은 역시나 보이게 하는 것이다.

함수를
보이게 하라!

>

　순서쌍의 집합이었던 함수는, 대응 규칙을 통해서 수식으로도 표현된다. 그 수식을 보면 그 함수가 어떤 기능을 수행하는지 머리로 계산해볼 수 있다. 정신의 눈을 통해 그 함수의 성질이나 특징을 훤히 이해하게 된다.

　하지만 머리로 이해한다는 것은 어쨌거나 머리 아픈 일이다. 머리를 써야 하니 말이다. 여기저기서 만져본 정보를 조합해서 코끼리의 모습을 머리로 그려보는 것은 고달프고 힘들다. 역시나 가장 좋은 방법은 눈으로 보는 것이다. 눈으로 보면 굳이 머리 굴리며 이해할 필요가 없다. 눈 뜨고 코끼리를 봐버리면 그걸로 끝이다.

하나부사 이치쵸우, 〈코끼리를 살피는 맹인 승려(衆瞽探象之圖)〉, 목판화

맹인 승려가 코끼리를 여기저기 만져보고 있다.

코끼리의 모습을 추측해보느라 고생이 이만저만이 아니다.

모두가 보지 못해서 생기는 불편함이다.

눈으로 보는 것만큼 상대를 뚜렷하게 볼 수 있는 방법이 또 있을까?

그래서 함수를 그래프로도 표현한다.

>

　수학에서 어떤 사실이나 정보를 시각적으로 표현하는 방법이 그래프다. 그래프를 그리는 손쉬운 방법은, 데이터를 점으로 찍는 것이다. 데이터를 점으로 바꾸고, 그 점을 찍을 수 있는 공간을 만들면 된다. 데이터를 점의 위치로 바꾼 게 좌표이고, 그 좌표에 따라 점을 찍을 수 있는 공간이 좌표계다.

　좌표계는 축의 개수에 따라 달라진다. 축이 하나이면 1차원 수직선, 축이 두 개이면 2차원 평면좌표계, 축이 세 개이면 3차원 공간좌표계다. 영화관이나 극장에서 볼 수 있는 좌석표는 2차원 좌표계와 같다.

　좌표는 수들의 묶음인 순서쌍 형태를 띤다. 수직선 위에서 점의 좌표는 P(a)처럼 수 하나면 된다. 평면좌표계에서 좌표는 수 두 개가 묶인 P(a, b)이다. 공간좌표계에서 좌표는 P(a, b, c)가 된다. a는 x축에서의 위치, b는 y축에서의 위치, c는 z축에서의 위치다.

　특정 좌표는 해당 좌표계에서 위치가 유일하다. 각 좌표는 오직 딱 한 곳에 점으로 찍힌다. 좌표가 다르면 위치가 다르고, 위치가 다르면 좌표가 다르다. P(3, 4)는 수가 두 개이므로 평면좌표계 위의 한 점이다. x축의 값이 3, y축의 값이 4인 점을 말한다.

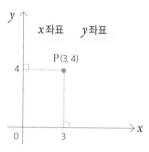

함수를 그래프로 그릴 수 있을까? 딱 한 가지만 확인하면 된다. 함수를 좌표로 나타낼 수 있다면 함수도 그래프로 표현된다. 함수에 좌표가 있는가 없는가? 있다!

함수는 순서쌍의 집합이었다. 함수는 보통 변수가 두 개이므로, 함수의 순서쌍은 (a, b)이다. 이 순서쌍 (a, b)를 좌표 (a, b)로 생각하고, 점으로 찍으면 된다. 그 점들의 집합이 함수의 그래프다.

함수의 그래프에 적절한 좌표계는 2차원 평면좌표계다. 좌표평면이라고도 부른다. 함수의 순서쌍은 2개의 요소로 구성되었기 때문이다.

함수   함수의 그래프
순서쌍의 집합 ──── 좌표평면 ────→ 순서쌍을 좌표로 하는 점들의 집합

우리가 본질적으로 숫자를 다루는 데 서툴다는 사실에
대처하기 위해서, 인류는 어떤 시스템을 발명했다.
그게 그래프이다.

Mankind invented a system to cope with the fact
that we are so intrinsically lousy at manipulating numbers.
It's called the graph.

—

기업인 찰리 멍거(Charlie Munger, 1924~)

y=3x를
그래프로

<

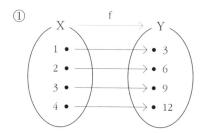

① f={ (1, 3), (2, 6), (3, 9), (4, 12) }

③ y=3x, X={ 1, 2, 3, 4 }

    함수 f의 그래프를 그려보자. f는 ①처럼 다이어그램으로, ②처럼 순서쌍의 집합으로, ③처럼 y=3x 혹은 f(x)=3x라는 수식으로 주어질 수도 있다. 어떻게 주어지더라도 그래프를 그릴 수 있고, 그 그래프는 똑같다.

    그래프를 그리기 위해 필요한 것은 순서쌍의 집합이다. ①처럼 주어진다면 대응하는 원소들끼리 묶어서 순서쌍을 만든다. 1이 3에 대응하므로 (1, 3)이고, 2가 6에 대응하니 (2, 6)이다. ②처럼 주어지면 순서쌍 그대로를 좌표로 찍으면 된다. ③처럼 주어지면 수식을 통해 순서쌍을 만들어내야 한다.

　　함수의 그래프에서 가장 많이 나오는 유형은 수식을 보고 그래프를 그리는 것이다. 함수 $y=3x$의 그래프를 그려보자. 함수의 순서쌍이 있어야 한다. 주어진 게 없으므로, 수식을 통해 순서쌍을 만들어낸다. 방법은 간단하다. x에 수를 대입해본다. 그때의 y는 $3x$이다.

x의 값	$y(=3x)$의 값	순서쌍 (x, y)
$\vdots$	$\vdots$	$\vdots$
$x=-3$	$y=3\times(-3)$	$(-3, -9)$
$x=-2$	$y=3\times(-2)$	$(-2, -6)$
$x=-1$	$y=3\times(-1)$	$(-1, -3)$
$x=0$	$y=3\times0$	$(0, 0)$
$x=1$	$y=3\times1$	$(1, 3)$
$x=2$	$y=3\times2$	$(2, 6)$
$x=3$	$y=3\times3$	$(3, 9)$
$\vdots$	$\vdots$	$\vdots$

　　순서쌍을 얻었으니 순서쌍을 좌표평면 위에 찍어보자. 몇 개의 점만 찍은 게 다음의 왼쪽 그림이다. x를 연속하는 실수로 확

대해 그린 게 오른쪽이다. 오른쪽의 그래프가 함수 y=3x의 그래프다. 함수 y=3x의 그래프는 직선이다.

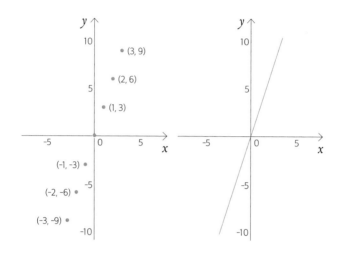

>

함수는 그래프로도 표현될 수 있다. 모든 함수가 그래프로 표현되는 건 아니다. 그래프는 좌표평면 위에서 만들어지므로, 함수가 만들어낸 순서쌍이 좌표평면 위에 점으로 찍힐 수 있어야 한다. 순서쌍이 수로 표현되는 함수만이, 그래프로도 표현될 권리를 지닌다. 함수의 그래프가 다르면, 함수가 다르다. 역으로 함수가 다르면 함수의 그래프 역시 달라진다. 함수마다 고유한 모양이 대응한다. 그렇기에 그래프만 보고도 어떤 함수의 그래프인지를 알 수 있다.

중요한 것은, '어떤 함수가 어떤 모양의 그래프로 표현되는가?'이다. 함수마다 그래프에 특징이 있다. 어떤 함수는 어떤 모양의 그래프인지, 수식의 어떤 요인이 그래프에 어떻게 영향을 미치는지를 알아야 한다. 수식과 그래프의 관계에 능수능란해야 한다. 함수식에 공통점이 있으면 함수의 그래프에도 공통점이 있다. 그러면서도 수식의 차이로 인해 함수의 그래프가 미묘하게 달라진다.

가장 아름다운 곡선은 매출 증가 그래프이다.

The most beautiful curve is a rising sales graph.

—

디자이너 레이먼드 로위(Raymond Loewy, 1893~1986)

>

 수식으로 표현되는 함수는 고유한 모양의 그래프를 갖는다.
각 함수마다 모양은 다르지만, 모든 함수의 그래프가 가진 공통
점도 있다. 함수의 조건 때문이다.

 함수라면, x의 각 원소가 Y의 원소 하나와만 대응한다. x 하
나에 y가 대응을 않거나, x 하나에 두 개 이상의 y가 대응하면 안
된다. 이 조건을 모든 함수는 공유한다. 함수의 그래프 역시 이
조건을 지킨다. 이 조건이 그래프상에서는 어떻게 표현될까?

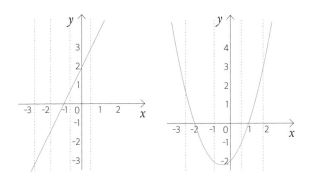

 일차함수와 이차함수의 그래프다. 모양은 다르지만 공통점

은 있다. x의 모든 범위에서 y축에 평행한 직선을 그어보라. 함수의 그래프와 만난다. 만나는 교점의 개수는 오직 하나뿐이다.

함수의 그래프는, x를 지나면서 y축과 평행한 직선과 오직 한 점에서만 만난다. 함수는 다르더라도, 함수라면 이 특징은 공통이다. 그 특징이 함수의 조건이기 때문이다. x를 지나면서 y축과 평행한 직선과 한 점에서 만난다는 것은, x가 오직 하나의 y에 대응한다는 뜻이다. 어떤 x에 대해서도 그렇다는 것은, 모든 x가 대응한다는 뜻이다.

정의역에 있는 모든 x에 대해, 그 점을 지나고 y축에 평행한 직선을 그어보라. 그래프와 오직 한 점에서만 만나는가? 그렇다면 그 그래프는 함수의 그래프다.

내 생각에 세상은 그래프나 공식, 방정식이 아니었다.

그것은 이야기였다.

In my perception, the world wasn't a graph or formula or an equation.

It was a story.

—

작가 셰릴 스트레이드(Cheryl Strayed, 1968~)

07

꼭
알아둬야 할
함수들 — 직선형

꼭 알아둬야 할 함수를 정리해보자. 함수의 명칭이나 함수식, 함수의 그래프 그리고 특징을 연결해서 알아둬야 한다. 그렇게 연결해서 알아두면 공부할 때 편리하다. 기본적인 함수 중에서 그래프가 직선인 함수들을 먼저 알아보자.

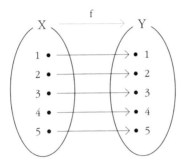

f = { (1, 1), (2, 2), (3, 3), (4, 4), (5, 5) }

　1은 1로, 2는 2로 3은 3으로 대응한다. 자기 자신이 자기 자신과 같은 수에 대응한다. 대응하는 수가 자기 자신과 같다. 변함이 없다. 언제나 한결같은 정체성을 그대로 유지한다. '항등함수'라고 한다. 항상 같은 함수라는 뜻이다. 영어로는 identity function이다. 정체성을 뜻하는 단어인 identity가 포함되었다.

　항등함수를 수식으로 표현해보자. 원소 x는 원소 y에 대응하는데, y는 언제나 x와 같다. y=x다. 정의역을 실수 전체로 확대하면 다음과 같은 식이 된다.

항등함수 : y=x

그래프를 그려보자. 우선 (1, 1), (2, 2), (3, 3), (4, 4), (5, 5)를 좌표평면 위에 찍어보자. 아래의 왼쪽처럼 표현된다. x를 실수 전체로 확대하면 오른쪽과 같다. y=x로 표현되는 함수의 그래프다.

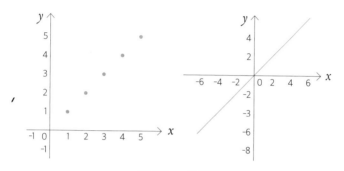

항등함수 y=x의 그래프
항등함수는, y=x이다. 그래프는 원점을 지나며 기울기가 1, 즉 45도 기울어진 직선이다.

많은 계산에서 좌표는 강력하고 때로는 필수적인 도구이지만,
물리의 기본 법칙은 좌표의 도움 없이 표현될 수 있다는 게 핵심이다.
좌표가 없는 표현은 일반적으로 우아하고 매우 강력하다.

The essential point is that, although coordinates are a powerful, and
sometimes essential, tool in many calculations, the fundamental laws of
physics can be expressed without the aid of coordinates; and, indeed,
their coordinate-free expressions are generally elegant and exceedingly
powerful.

—

물리학자 킵 손(Kip Thorne, 1940~)

상수
함수

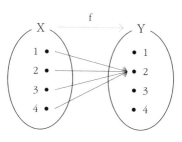

f = { (1, 2), (2, 2), (3, 2), (4, 2) }

X의 모든 원소가 Y의 2에 대응한다. 모든 여성이 오직 한 남성을 선택한 것과 같다. 모든 x에 대해서 y의 값이 항상 일정하다. 항상 같은 수라는 뜻의 상수를 사용해, 상수함수라고 한다. constant function이다.

상수함수는 어떤 x에 대해서도 y가 항상 일정하다. x의 변화가 y에 전혀 영향을 미치지 않는다. x의 값에 상관없이 y값은 어떤 값 c다. y=c다.

상수함수 : y=c (c는 상수)

2부 _ 함수, 무엇일까?

순서쌍을 좌표평면 위에 찍어보자. 4개의 점을 찍으면 아래의 왼쪽과 같다. x의 값을 실수 전체로 확대하면 오른쪽 그래프가 된다. 상수함수 y=c의 그래프는 x축에 평행한 직선이다.

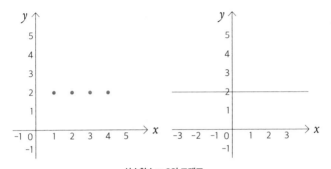

상수함수 y=2의 그래프
상수함수는, 모든 x가 하나의 y에 대응한다.
y=2는, (0, 2)인 점을 지나면서 x축에 평행인 그래프이다.

마이다스의 손 = 상수함수

midas touch, 우리말로는 '마이다스의 손'이다.

노르웨이의 싱어송라이터 오로라의 노래다.

그 손은 만지는 것마다 황금으로 만들어버린다.

모든 물질을 황금이라는 동일한 대상에 대응시킨다.

상수함수 같은 손이다.

>

　　"x가 2배, 3배, 4배, …로 변할 때, y도 2배, 3배, 4배, …로 변하는 관계가 있으면 y는 x에 정비례한다."

　　정비례의 수학적 정의다. x와 y가 변하는데, x의 변화에 따라 y가 변한다. x가 2배 변하면, y도 2배 변한다. x가 n배 변하면, y도 n배 변한다. x가 독립변수이고, y가 종속변수다. 둘은 함수 관계에 있다.

　　BTS 온라인 콘서트 입장권이 2만 원이라고 하자. 2명이면 4(2×2)만 원, 10명이면 20(2×10)만 원이다. x명의 입장권을 구입하는 데 드는 전체 비용은 2x만 원이다. 인원수와 입장권 구입 비용은 정비례 관계에 있다. 그 관계는 수식 y=2x로 표현된다.

인원 x	1	2	3	4	…	x
비용 y (만 원)	2 (2×1)	4 (2×2)	6 (2×3)	8 (2×4)	…	2x

y=−2x도 정비례일까? 정비례의 정의를 잘 보라. 정비례는 x가 2배가 될 때 y도 2배가 되는 관계다. y가 2배 된다고 했지, 2배만큼 커진다고 말하지 않았다. y=−2x는 x가 1에서 4로 4배될 때, y 역시 −2에서 −8로 4배 된다. 수의 크기가 커지지는 않았지만, 4배 되었다. 정비례의 정의에 부합한다. y=−2x 역시 정비례에 해당한다.

y=ax로 표현되는 관계는 모두 정비례다. a>0일 때만이 아니라 a<0일 때도 모두 정비례 관계다. 단 a≠0이다. a=0이면 x가 2배이건 3배이건 항상 y=0이다. 크기의 변화가 없어, 정비례가 되지 않는다.

정비례 (함수) : $y = ax$ $(a \neq 0)$

정비례인 함수 y=ax의 그래프를 그려보자. x에 수를 대입해 순서쌍을 구하라. 그 순서쌍을 점으로 찍으면 함수 y=ax의 그래프가 그려진다.

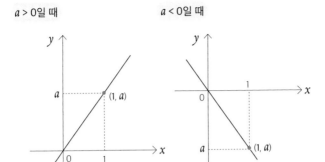

정비례 (함수) y=ax의 그래프

정비례라고 해서 x가 커지는 만큼 y도 커져야만 하는 건 아니다. y가 작아져도 성립한다. 일정한 비율만큼 커지거나 작아지기만 하면 된다. 정비례(함수)의 그래프는 원점을 지나는 직선이다.

황금비는 모든 자연이 따르는 비례 함수의 수학적 정의이다.
연체동물의 껍질, 식물의 잎, 동물의 몸 비율, 인간의 골격
또는 인간의 성장 연령 등에 존재한다.

The Golden Number is a mathematical definition of a proportional
function which all of nature obeys, whether it be a mollusk shell,
the leaves of plants, the proportions of the animal body, the human
skeleton, or the ages of growth in man.

—

학자 R. A. 슈발레 드 뤼비츠(R. A. Schwaller De Lubicz, 1887~1961)

>

함수 y=f(x)에서 f(x)가 일차식인 함수를 말한다. 일차식은 ax+b처럼 변수인 x의 차수가 1인 식이다. x가 변수이고, a와 b는 상수다. 일차함수는 y=ax+b의 형태를 띤다.

일차함수 : y=ax+b (a≠0)

일차함수에는 조건이 있다. 일차함수가 되려면 y=ax+b에서 a≠0이어야 한다. a=0이면 y=b가 되어 일차함수가 아닌 게 돼버린다(y=b는 상수함수이지, 일차함수는 아니다). 일차함수라는 말이 있다면, 일차식의 계수가 0이 아니어야 한다.

일차함수 y=2x+1과 y=−x−2의 그래프를 그려보자. 순서쌍의 집합을 먼저 알아내야 한다. x에 자연수 몇 개를 대입해보자. y=2x+1에서, x가 −1일 때 y는 −1, x가 0일 때 y는 1, x가 1일 때 y는 3으로 (−1, −1), (0, 1), (1, 3)의 순서쌍이 나타난다. y=−x−2에서는 x가 −1일 때 y는 −1, x가 0일 때 y는 −2, x가 1일 때

y는 −3으로 (−1, −1), (0, −2), (1, −3)의 순서쌍이 나타난다.

	$y=2x+1$	$y=-x-2$
⋮	⋮	⋮
$x=-2$	$y=2\cdot(-2)+1$ $(-2, -3)$	$y=(-1)\cdot(-2)-2$ $(-2, 0)$
$x=-1$	$y=2\cdot(-1)+1$ $(-1, -1)$	$y=(-1)\cdot(-1)-2$ $(-1, -1)$
$x=0$	$y=2\cdot0+1$ $(0, 1)$	$y=(-1)\cdot0-2$ $(0, -2)$
$x=1$	$y=2\cdot1+1$ $(1, 3)$	$y=(-1)\cdot2-2$ $(2, -4)$
$x=2$	$y=2\cdot2+1$ $(2, 5)$	$y=(-1)\cdot2-2$ $(2, -4)$
⋮	⋮	⋮

이제 순서쌍을 점으로 찍어보자. 그리고 x를 실수 전체로 확대하면 직선이 된다. $y=ax+b$에서 a, b가 달라지면 직선의 모양과 위치가 달라진다.

일차함수 $y=ax+b$의 그래프는 직선이다. 직선은 두 개의 점만 이으면 된다. 고로 일차함수의 그래프를 그리는 제일 간단한 방법은, 그래프 위에 있는 점의 좌표 두 개만 알아내는 것이다. x나 y에 서로 다른 두 개의 값을 대입해 좌표를 알아낸다. 그리고 두 점을 잇는 직선을 그린다. 그 직선이 일차함수의 그래프다.

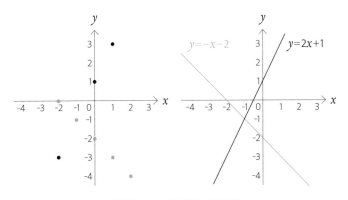

일차함수 y=ax+b의 그래프는 직선이다
y=2x+1과 y=-x-2의 그래프다. 일차함수의 그래프는 직선이다.

일차함수인 y=ax+b는 (0, b)를 지난다. (0, b)는 직선과 y축의 교점이다. b를 y절편이라고 한다. y절편은, 그래프가 y축과 만나는 점의 y좌표다. y=ax+b에서 x=0을 대입했을 때의 y값이다. 그래프가 x축과 만나는 점의 x좌표는 x절편이다. x절편에서 y=0이므로, y=ax+b에서 y=0을 대입했을 때의 x가 x절편이다.

x절편 : 그래프와 x축이 만나는 점의 x좌표,

  y=ax+b에서 y=0을 대입한다.

  $y=2x+1 \longrightarrow y=0 \longrightarrow$ x절편은 $-\dfrac{1}{2}$이다.

y절편 : 그래프와 y축이 만나는 점의 y좌표,

  y=ax+b에서 x=0을 대입한다.

  $y=2x+1 \longrightarrow x=0 \longrightarrow$ y절편은 1이다.

직선의 모양은 기울어진 정도에 따라 달라진다. 기울어진 정도를 기울기라고 한다. 기울기는 직선에 대해서만 존재한다. 직선 위의 두 점의 좌표를 알면 계산할 수 있다. y의 증가량을 x의 증가량으로 나눠주면 된다. 일상에서 기울기는 보통 경사가 몇 도인가로 표현된다. 경사 각도 θ(세타)에 대한 탄젠트 값이 기울기의 공식과 똑같기 때문이다.

직선 위의 한 점이 $P_1(x_1, y_1)$이고 다른 점이 $P_2(x_2, y_2)$라고 하자. P_1에서 P_2로 이동했을 때 x의 증가량은 x_2-x_1이고, y의 증가량은 y_2-y_1이다. 기울기는 다음과 같다.

$$기울기 = \frac{y의\ 증가량}{x의\ 증가량} = \frac{y_2-y_1}{x_2-x_1} = \tan θ \ (θ는\ 경사각)$$

y=2x+1의 그래프에서 두 점을 골라보자. (0, 1)과 (1, 3)이 있다. x의 증가량은 1(1−0)이다. y의 증가량은 2(3−1)이다. 기울기는 $\frac{2}{1}$=2이다. 그런데 기울기의 값이 y=2x+1에서 x의 계수인 2와 같다. 우연이 아니다. 늘 그렇다.

직선의 기울기는 y=ax+b에서 a의 값과 같다. a가 직선의 기울기이다. a>0이면 기울기는 양수다. x가 증가할 때 y도 따라서 증가한다. y=2x+1의 그래프처럼 좌표평면의 왼쪽 아래에서 오른쪽 위로 향하는 직선이 된다. a<0이면 왼쪽 위에서 오른쪽 아래로 향하는 직선이다.

일차함수 $y=ax+b$는 직선이다. 정비례(함수) $y=ax$의 그래프 역시 직선이다. 그래서일까? 정비례의 수식 $y=ax$는 일차함수의 수식인 $y=ax+b$와 닮았다. 정비례의 수식은 일차함수 $y=ax+b$에서 $b=0$인 경우다. 정비례는 일차함수의 특별한 경우다. 하지만 일차함수는 정비례가 아니다. 정비례는 오직 $y=ax$ 형태여야 한다.

수학은 인생과 같다.

짧은 경로는 선형함수 같고, 긴 경로는 코사인함수 같다.

이 모든 것은 같은 교차점인 성공으로 인도한다.

Math is like life.

the short path like a linear function. the long path like a cosine function.

yet the all lead to the same intersection. success.

—

작자 미상

08

꼭
알아둬야 할
함수들 — 곡선형

꼭 알아둬야 할 함수에는 그래프가 직선이 아닌 것들도 있다. 곡선의 형태를 지닌 주요 함수에는 어떤 게 있는지 알아보자.

$>$

"x가 2배, 3배, 4배, …로 변할 때 y가 $\frac{1}{2}$배, $\frac{1}{3}$배, $\frac{1}{4}$배, …로 변하는 관계가 있으면 y는 x에 반비례한다."

반비례의 정의다. x가 2배 되면 y가 $\frac{1}{2}$배 된다. 피자 한 판을 인원수대로 나눠 먹어야 하는 경우와 같다. 2명이면 $\frac{1}{2}$판씩, 3명이면 $\frac{1}{3}$판씩 먹게 된다. 인원수와 할당된 피자의 양은 반비례한다. 수식은 $y=\frac{1}{x}$이다. 이 관계는 함수다. 모든 x에 대해서 오직 하나의 y가 대응한다(분모는 0이 아니어야 하므로, $x \neq 0$이어야 한다).

인원 x	1	2	3	4	…	x
할당량 y	$\frac{1}{1}$	$\frac{1}{2}$	$\frac{1}{3}$	$\frac{1}{4}$	…	$\frac{1}{x}$

그런데 $y=-\frac{1}{x}$의 경우도 반비례 관계에 있다. x가 커질 때 y가 꼭 줄어들어야 반비례 관계인 것은 아니다. x가 2배가 될 때 y가 $\frac{1}{2}$배만 된다면 반비례 관계다. $y=-\frac{1}{x}$은 그 관계를 만족한다. $y=-\frac{1}{x}$도 반비례 관계다.

반비례 관계를 수식으로 표현하면 $y=\dfrac{a}{x}$이다. 이때 a는 0이 아닌 상수다. a=0이면 모든 x에 대해 y=0이 되어 반비례 관계가 성립되지 않는다. 분모는 0이 아니라는 조건을 통해 x≠0이어야 한다. 식 $y=\dfrac{a}{x}$를 변형하면 xy=a다. 두 변수를 곱해서 일정한 수가 된다면 두 변수는 반비례 관계다.

반비례 (함수) : $y=\dfrac{a}{x}$ 또는 xy=a (x≠0, a≠0)

반비례인 식 $y=\dfrac{a}{x}$의 그래프는 아래와 같다. a가 양수인가 음수인가에 따라 그래프의 위치가 달라진다.

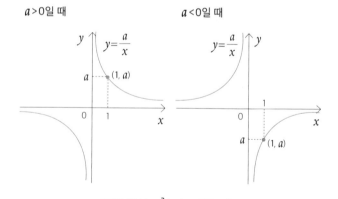

반비례 (함수) $y=\dfrac{a}{x}$(x≠0, a≠0)의 그래프

(1, a)를 지나는 곡선이다. 직선이 아니다. 정비례의 그래프는 직선이지만,
반비례의 그래프는 곡선이다.

>

함수식이 이차식인 함수를 말한다. 이차식은 ax^2+bx+c처럼 변수 x의 차수가 2인 식이다. 고로 $a\neq0$이어야 한다. $a=0$이면 이차식이 되지 않는다. 이차함수는 $y=ax^2+bx+c$ $(a\neq0)$로 표현된다.

이차함수 : $y=ax^2+bx+c$ $(a\neq0)$

이차함수 $y=x^2-4x+2$와 $y=-2x^2-4x+3$의 그래프를 그려보자. 순서쌍을 먼저 구하자.

	$y=x^2-4x+2$	$y=-2x^2-4x+3$
⋮	⋮	⋮
x=−3	$y=(-3)^2-4\cdot(-3)+2,$ $(-3,23)$	$y=(-2)\cdot(-3)^2-4\cdot(-3)+3,$ $(-3,-3)$
x=−2	$y=(-2)^2-4\cdot(-2)+2,$ $(-2,14)$	$y=(-2)\cdot(-2)^2-4\cdot(-2)+3,$ $(-2,3)$
x=−1	$y=(-1)^2-4\cdot(-1)+2,$ $(-1,7)$	$y=(-2)\cdot(-1)^2-4\cdot(-1)+3,$ $(-1,5)$

x=0	$y=0^2-4\cdot0+2,$ $(0, 2)$	$y=(-2)\cdot0^2-4\cdot0+3,$ $(0, 3)$
x=1	$y=1^2-4\cdot1+2,$ $(1, -1)$	$y=(-2)\cdot1^2-4\cdot1+3,$ $(1, -3)$
x=2	$y=2^2-4\cdot2+2,$ $(2, -2)$	$y=(-2)\cdot2^2-4\cdot2+3,$ $(2, -13)$
x=3	$y=3^2-4\cdot3+2,$ $(3, -1)$	$y=(-2)\cdot3^2-4\cdot3+3,$ $(3, -27)$
⋮	⋮	⋮

x를 실수 전체로 확대해서 점을 찍어보면 이차함수의 그래프는 아래 모양이 된다.

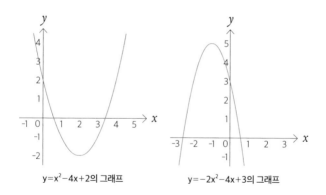

$y=x^2-4x+2$의 그래프　　　　$y=-2x^2-4x+3$의 그래프

이차함수의 모양은 포물선이다. 크게 보면, 아래로 볼록인 포물선과 위로 볼록인 포물선이 있다. 꼭짓점이 하나 있고, 어떤

축을 중심으로 좌우가 대칭이다.

　이차함수 y=ax²+bx+c의 그래프는 a, b, c에 따라서 모양과 위치가 달라진다. x=0일 때 y=c이다. 이차함수는 (0, c)를 지난다. c는 y절편으로, 이차함수와 y축이 만나는 교점의 위치를 결정한다. 위로 볼록 또는 아래로 볼록을 결정하는 것은 a다. a는 제곱항(x²)의 계수이기에, bx나 c에 비해 y값의 변화에 가장 큰 영향을 미친다. 포물선의 전체 모양에 a가 결정적이다.

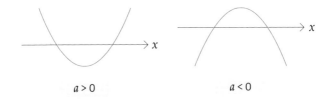

$a > 0$　　　　　　　　　　$a < 0$

a>0 : x가 커질수록 ax²도 커진다.

　　　x가 커질수록 ax²+bx+c의 값도 커진다.

　　　아래로 볼록인 포물선

a<0 : x가 커질수록 ax²은 줄어든다.

　　　x가 커질수록 ax²+bx+c의 값은 줄어든다.

　　　위로 볼록인 포물선

　a는 또한 포물선의 벌어진 정도에도 영향을 미친다. a의 절

댓값이 클수록 ax^2의 값도 변화가 커진다. 그래프가 더 오므라든다. a의 절댓값이 작으면 ax^2의 변화 폭도 작다. 그래프가 양옆으로 더 퍼져 있는 형태가 된다.

당신에 대한 나의 사랑은 위로 오목한 함수와 같다.

늘 증가하기 때문이다.

My love for you is like a concave up function

because it is always increasing.

—

작자 미상

이차함수의
꼭짓점과 대칭축

〈

    포물선의 위치는 포물선의 꼭짓점에 의해 결정된다. 꼭짓점을 지나면서 y축과 평행한 직선에 대해 대칭이다. 그 대칭축은 꼭짓점의 x좌표를 지난다. 꼭짓점만 알면 포물선의 위치를 결정지을 수 있다.

    포물선의 꼭짓점을 알려면, $y=ax^2+bx+c$를 완전제곱식으로 바꾸면 된다. $y=ax^2+bx+c$를 $y=a(x-p)^2+q$로 바꾼다. 그러면 $y=ax^2+bx+c$는 (p, q)를 꼭짓점으로 하는 포물선이 된다. $a>0$이면 꼭짓점을 지나는 아래로 볼록인 포물선, $a<0$이면 꼭짓점을 지나고 위로 볼록인 포물선이다.

완전제곱식

$$y=ax^2+bx+c \longrightarrow y=a(x+\frac{b}{2a})^2-\frac{(b^2-4ac)}{4a}$$

    $y=ax^2+bx+c$를 완전제곱식으로 바꿨다. 꼭짓점은 $(-\frac{b}{2a}, -\frac{(b^2-4ac)}{4a})$이다. 문자로 된 식이어서 복잡하게 보인다. 구체적인 식으로 해보면 그리 어렵지 않다. $y=x^2-4x+2$는 $y=(x-$

$2)^2-2$이므로, 꼭짓점이 $(2, -2)$이다. x^2의 계수가 1이므로, $(2, -2)$를 꼭짓점으로 하면서 아래로 볼록인 포물선을 그리면 된다.

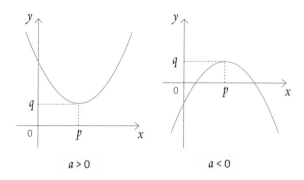

대칭축은 꼭짓점을 지나면서 y축과 평행인 직선이다. 그 직선에 있는 모든 점의 x좌표는 꼭짓점의 x좌표인 $-\dfrac{b}{2a}$와 같다. $y=ax^2+bx+c$의 대칭축은 $x=-\dfrac{b}{2a}$이다. 대칭축을 결정하는 것은 a와 b다. b는 이차함수의 대칭축에 관여한다. $y=x^2-4x+2$는 $y=(x-2)^2-2$이므로 대칭축은 $x=2$이다.

함수식 f(x)가 지수식인 함수다. 지수식이란 a^x로 표현되는 식이다. 지수함수는 $y=a^x$로 표현된다. 지수 a^x에는 조건이 있다. a는 1이 아닌 양수다. $a>0$, $a\neq1$. $a=1$이면 a^x은 1^x가 되어 항상 1이다. 상수함수가 된다.

지수함수 : $y=a^x$ ($a>0$, $a\neq1$)

지수함수의 그래프는 a를 두 가지의 경우로 나눠서 그려야 한다. $a>1$인 경우와 $0<a<1$인 경우다. $a>1$인 경우 2^x처럼 거듭제곱을 할수록 a^x의 값은 커지지만, $0<a<1$인 경우 $(\frac{1}{2})^x$처럼 거듭제곱을 할수록 a^x의 값은 줄어든다.

a를 2나 $\frac{1}{2}$이라 하고, x에 값을 대입해 순서쌍을 만들어보라. 그 순서쌍을 좌표평면에 점으로 찍으면 다음과 같은 그래프가 된다.

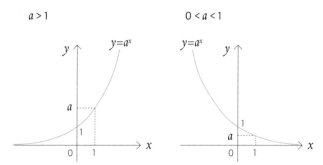

지수함수 y=aˣ의 그래프

지수함수의 그래프는 (0, 1)을 항상 지난다. 수학에서 어떤 수의 0제곱은 1로 정의되어 있기 때문이다. $a^0 = 1$. 지수함수의 y절편은 항상 1이다. x절편은 존재하지 않는다. x축에 가까이 접근하지만 결코 x축과 만나지 않는다. x축이 점근선이다.

내가 함수라면, 넌 나의 점근선일 거야.

나는 항상 너를 향하고 있거든.

If I were a function, you would be my asymptote.

I always tend towards you.

—

작가 페니 레이드(Penny Reid, 1988~)

>

함수식 f(x)가 log로 표현되는 함수다. log(로그)는 지수의 역연산을 통해 만들어졌다. $y=a^x$일 때 $x=\log_a y$로 표현된다. 로그함수는 $y=\log_a x$로 표현되는 함수다.

로그함수에도 조건이 있다. $\log_a x$의 a는 지수 a^x의 a이므로, 지수의 밑이 지켜야 할 조건이 로그에 그대로 적용된다. a는 1이 아닌 양수다. $a>0$, $a\neq1$. 지수함수 $y=a^x$에서 y는 항상 0보다 크다. 이 조건은 역연산인 로그함수에서 $x>0$이라는 조건으로 바뀐다.

로그함수 : $y=\log_a x$ ($x>0$, $a>0$, $a\neq1$)

지수함수의 그래프가 a의 조건에 따라 두 개로 그려졌듯이, 로그함수의 그래프도 a의 조건에 따라 두 개로 그려진다.

로그함수는 x의 범위가 제한되어 있다. 그래프가 $x>0$인 곳에만 존재한다. 정의역이 실수 전체가 아니라 $x>0$이다. $y=\log_a x$의 그래프는 (1, 0)을 항상 지난다. x절편은 1이다.

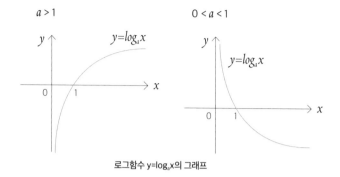

$a > 1$　　　　　　　　$0 < a < 1$

로그함수 $y=\log_a x$의 그래프

　　지수함수의 역연산인 로그함수는 그래프에서도 특별한 관계가 있다. 역연산이란 x와 y의 순서를 뒤바꾼 것이다. $y=a^x$에서 x를 y로, y를 x로 바꾼 게 $y=\log_a x$이다. 이 관계는 그래프에서 y=x에 대해 대칭인 관계로 표현된다. 지수함수 $y=a^x$와 로그함수 $y=\log_a x$는 y=x에 대해 대칭이다.

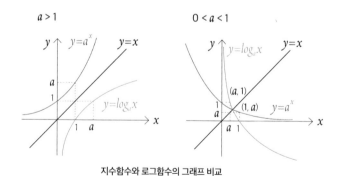

$a > 1$　　　　　　　　$0 < a < 1$

지수함수와 로그함수의 그래프 비교

인류의 가장 큰 단점은 지수함수를 이해하지 못한다는 것이다.

The greatest shortcoming of the human race is

our inability to understand the exponential function.

—

물리학 교수 앨버트 앨런 바틀렛(Albert Allen Bartlett, 1923~2013)

삼각함수는
삼각비로부터!

함수식이 삼각비인 sin, cos, tan로 표현되는 함수다. 대표적인 삼각함수는 $y = \sin x$, $y = \cos x$, $y = \tan x$이다.

삼각함수 : $y = \sin x$, $y = \cos x$, $y = \tan x$

삼각비는 처음에 직각삼각형의 변의 길이의 비였다. 각의 크기에 따라 달라지는 직각삼각형의 변의 길이의 비를 나타낸 값이었다. 삼각비의 값은 삼각형의 크기에 상관없이 일정하다. 삼각형이 크건 작건 특정 각에 대한 삼각비는 똑같다.

$$\sin A = \frac{\text{높이}}{\text{빗변}} = \frac{a}{c}$$

$$\cos A = \frac{\text{밑변}}{\text{빗변}} = \frac{b}{c}$$

$$\tan A = \frac{\text{높이}}{\text{밑변}} = \frac{a}{b}$$

삼각비 sin, cos, tan

삼각비에는 제한 조건이 있다. 각의 크기가 각도였고, 그 각도는 0도에서 90도 사이여야 했다. 삼각형의 내각의 합은 180도이므로 직각을 제외한 다른 각 하나의 크기가 90도 이상일 수는 없었다. 단위는 일반적인 수가 아닌 각도였고, 그 각도마저 90도 미만이어야 했다. 존재할 수 있는 범위가 좁았다. 모든 실수를 대상으로 하는 삼각함수가 되려면 조치를 취해야 했다.

삼각비에서
삼각함수로!

먼저 삼각비에서 각의 제한을 없애야 했다. 삼각비를 직각삼각형이 아닌 사분면 위에서의 길이 관계로 확장했다. 삼각비는 반지름이 r인 원 위를 도는 점 P(x, y)의 길이의 비가 되었다.

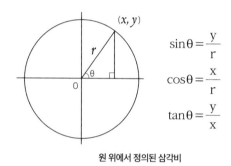

$$\sin\theta = \frac{y}{r}$$

$$\cos\theta = \frac{x}{r}$$

$$\tan\theta = \frac{y}{x}$$

원 위에서 정의된 삼각비

각 θ는 x축으로부터 회전하는 각도를 의미했다. 각도는 0도에서 90도라는 제한을 벗었다. 각도 θ는 얼마든지 커질 수 있었다. 그만큼 원을 빙빙 돌면 끝이었다. 음수인 각의 크기도 가능했다. x축으로부터 반대 방향으로 돌면 −θ가 되었다. 각도는 −∞에서 +∞까지 확장되었다.

각도의 단위에도 조치가 필요했다. 일차함수나 이차함수를 떠올려보라. x의 값은 그저 수였다. 각도가 아니었다. 그런 기준에 맞추려면 삼각함수의 단위도 수여야 했다. 그 조치가 호도법이었다.

호도법은 각도를 일반적인 수로 바꿔주는 방법이다. 이 방법을 거치면 각도는 수가 된다(모든 각을 수로 바꿔주니, 호도법 역시 함수다). 호도법에서 1이란, 호의 길이가 원의 반지름과 같을 때의 각의 크기였다. 1라디안이라고 부른다.

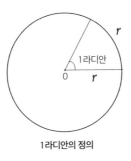

1라디안의 정의

1라디안일 때 호의 길이는 r이다. 호의 길이가 원의 둘레인 $2\pi r$일 때의 각 360도는 2π라디안이다. 180도는 π라디안, 직각인 90도는 $\frac{\pi}{2}$라디안이다. 라디안이라는 말을 붙이기는 했지만, 실제로는 그냥 수라고 생각하면 된다.

y = sin x

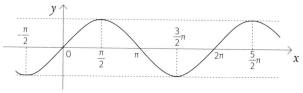

y = cos x

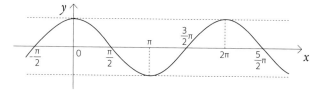

y = tan x

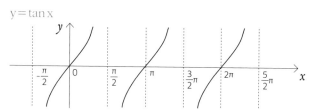

삼각함수의 그래프

삼각함수의 그래프는 일정한 간격으로 곡선 모양이 반복된다.
식을 바꾸면 그래프의 주기와 진폭, 위치 등이 달라진다.
그 특징을 활용해 일정한 주기를 갖는 파동이나 소리 등을
삼각함수의 합으로 표현해내곤 한다.

삼각비의 각은 확대되었고, 그 각은 수로 바뀌었다. x가 실수 전체인 삼각함수를 정의할 수 있게 되었다. 삼각함수란, 반지름 r이 1인 원을 도는 점 P(x, y)에 의해 생성되는 길이의 비였다.

삼각함수에는 기본적으로 세 가지 종류가 있다. 사인함수, 코사인함수, 탄젠트함수다. 셋 모두 일정한 주기로 모양이 반복되는 주기함수다. 사인함수와 코사인함수는 주기가 2π이고, 탄젠트함수의 주기는 π이다. 사인함수와 코사인함수의 x는 모든 실수이고, y는 −1부터 1 사이다. 탄젠트함수의 x는 모든 실수가 아니다. 중간에 빠지는 값들이 있다. $n\pi + \dfrac{\pi}{2}$ (n은 정수)는 제외다. y의 값은 모든 실수다.

사인함수와 코사인함수는 주기함수라는 점에서 중요하다. 일정한 주기를 갖는 그래프를 사인함수와 코사인함수의 합으로 치환할 수 있기 때문이다. sin x와 cos x를 변형해 더하고 빼면 어떤 주기함수도 만들어낼 수 있다.

내 삶을 수학적으로 모델링하면서 나는 결론짓는다.

인생은 시간의 사인함수인데,

사인함수 sin(t)의 값은 행복에서 슬픔까지 주기적으로 달라진다.

On modelling my life mathematically,

I conclude that life is a sinusoidal function of time

where sin(t) ranges from happy to sad periodically.

—

작가 시비 라모우타르(Shivi Ramoutar, 1988~)

3부

함수,
어떻게 공부할까?

09

방정식과 함수, 비슷하면서 다르다

함수를 공부하다 보면 늘 헷갈리는 게 방정식이다. 방정식도 식이고, 함수도 식이다. 그 식도 거의 비슷하다. 그런데도 방정식과 함수는 구분되어 사용된다. 그래프에서도 그렇다. 방정식의 그래프가 있고, 함수의 그래프가 있다. 뭐가 같고 다른 걸까?

>

① $4x-1=7$ ② $y=x-3$

③ $x^2-3x-4=0$ ④ $y=x^2-6$

방정식일까 함수일까? 방정식이나 함수를 자주 접한 사람이라면, 대부분 ①과 ③은 방정식이고, ②와 ④는 함수라고 할 것이다. 구체적으로 말한다면 ①은 일차방정식, ②는 일차함수, ③은 이차방정식, ④는 이차함수라고 말할 것이다.

틀린 답변이 아니다. 하지만 일차함수처럼 보이는 ② $y=x-3$은 연립일차방정식 문제의 일부분에서 가져왔다. 이차함수처럼 보이는 ④ $y=x^2-6$ 역시 연립이차방정식 문제 중 하나를 배치만 살짝 바꿨다.

방정식의 일반적인 형태가 있고, 함수의 일반적인 형태가 있다. 방정식은 ①이나 ③처럼 주로 좌변에 문자가 있고, 우변에 0 또는 다른 수가 있다. 하지만 우변에 문자가 있고, 좌변에는 문자가 없는 방정식도 얼마든지 있다. $4x-1=7$이라는 방정식을 바꾸면 $-1=7-4x$가 된다. 이렇게 바꿨다고 해서 방정식이 아닌 건 아니다. 여전히 방정식이다.

　문자의 개수도 방정식에 따라 다르다. 보통은 ①이나 ③처럼 문자가 하나다. 하지만 ②처럼 문자가 두 개 이상인 방정식도 있다. 문자 두 개의 차수도 ④처럼 서로 달라도 아무런 문제가 없다. 모두 방정식이다.

　식만으로는 방정식인지 함수인지를 명쾌하게 구별할 수 없다. 방정식일 수도 있고, 함수일 수도 있다. 심지어는 같은 식을 방정식이라 해도 되고 함수라고 해도 된다. 식만으로 방정식과 함수를 구별하겠다는 생각은 버려야 한다.

　그래서 방정식인지 함수인지 알아보기 쉽게 가급적 형태를 맞춰준다. 방정식은, $x^2-3x-4=0$처럼 좌변에 문자가 있고 우변에는 0이 있다. 그래서 방정식을 $f(x)=0$ 형태라 한다. 문자가 둘인 방정식이라면 $f(x, y)=0$이다. 함수는 $y=x^2-6$처럼 $y=f(x)$ 형태다. y가 x의 함수라는 뜻을 식으로 보여준다.

　그런데 이상한 게 있다. 방정식을 나타낼 때 함수를 뜻하는 용어인 $f(x)$가 사용된다. $f(x)=0$. 헷갈리게 왜 그리했는지 의아하다. 방정식과 함수를 구별하려 했다면, 방정식에 적합하게 $E(x)=0$처럼 다르게 표기했으면 좋지 않았을까? 〔방정식의 영어 단어가 equation이어서 $E(x)$라고 해봤다.〕

　그런데도 방정식에 $f(x)$를 쓴 데는 이유가 있을 것이다. 방정식과 함수가 완전히 구별되는 게 아니다. 방정식과 함수는 서로 관련되어 있다.

식으로만 방정식인지 함수인지 구분 가능한 경우는, 딱 하나 있다. 식의 문자가 하나이고 등호가 있으면 방정식이다. 함수는 순서쌍을 만드는 프로그램이기에, 문자가 두 개여야 한다. 고로 문자가 하나인 등식이라면 그건 무조건 방정식이다. 하지만 문자가 두 개가 되면 방정식인지 함수인지 바로 구분하기 어렵다. 방정식으로도 함수로도 불릴 수 있다.

그래프로도
구분하기 어렵다

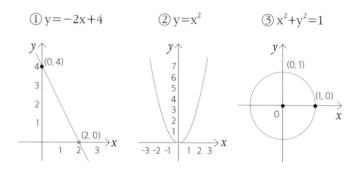

① $y=-2x+4$　　　② $y=x^2$　　　③ $x^2+y^2=1$

　　3개의 그래프다. 일차함수는 직선이고, 이차함수는 포물선이라고 했다. 고로 직선인 ①은 일차함수이고, 포물선인 ②는 이차함수일 것이다. 하지만 ①과 ②는 모두 〈도형의 방정식〉에 등장하는 그래프에서 가져왔다.

　　고등학교 수학에는 〈도형의 방정식〉 부분이 있다. 여러 가지 도형을 수식으로 표현하는 법을 공부한다. 그 수식을 함수가 아닌 방정식이라고 한다. ①은 직선의 방정식이고, ②는 포물선의 방정식이다. ③은 원에 대한 수식이기에, 원의 방정식이다.

똑같은 직선이고 포물선인데, 어디에서는 함수의 그래프라고 하고, 어디에서는 방정식의 그래프라고 한다. 그래프의 모양만으로는 명확히 구분되지 않는다. 같은 그래프인데도 어떤 관점에서 보느냐에 따라 함수로도 방정식으로도 불린다.

그렇다고 모든 그래프가 방정식으로도 함수로도 불릴 수 있는 것은 아니다. 어떤 그래프는 방정식으로만 불린다. ③은 결코 함수가 아니다. 원의 방정식으로만 불린다. 원의 함수라고 하면 틀린다. 그런 말은 존재하지 않는다.

그래프만 보고 함수인지 방정식인지를 완전히 구분할 기준은 없다. 함수의 그래프와 방정식의 그래프는 겹치기도 한다.

③처럼 함수는 될 수 없고 방정식만 될 수 있는 그래프의 특징은 있다. 하나의 x에 대해서 y가 두 개 이상이면 그건 함수가 아니다. 방정식의 그래프다. 함수는 x 하나에 y 하나가 대응해야 한다. x의 모든 값에 대해 y축과 평행한 선을 그었을 때 만나는 점이 오직 하나여야 한다. ③처럼 하나의 x에 대해 2개의 y가 존재한다면 함수가 아니다. 방정식의 그래프다.

정치는 타이밍과 속도의 함수라는 이야기를,

당신은 늘 들을 것이다.

You always hear that politics is a function of timing and pacing.

—

컴퓨터 과학자 짐 그레이(Jim Gray, 1944~)

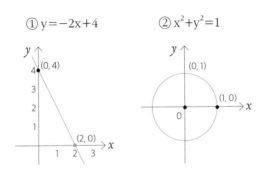

① y=−2x+4 ② $x^2+y^2=1$

①은 방정식도 되고 함수도 된다. y=−2x+4로 쓰면 함수지만, 2x+y−4=0으로 쓰면 방정식이다. ②는 함수의 그래프가 아니다. x=0에 대해 y는 1 또는 −1이다. 하나의 x에 대해 2개의 y가 존재한다. 만약 ②에서 x축 윗부분만 또는 아랫부분만이라면, 그 그래프는 함수의 그래프다.

방정식은 값에 따라 참도 되고 거짓도 되는 등식이다. 참이 되게 하는 그 값을 찾아내는 게 방정식의 핵심이다. 방정식은, 주어진 식을 만족시키는 해의 존재 여부에 관심이 있다. 식이 어떻게 되건, x와 y가 어떻게 대응하건 상관이 없다. 그에 비해 함수는 식을 대응의 관점에서 바라본다. x 하나에 y 하나가 대응하는 지 안 하는지에만 관심이 있다.

그런데 둘이 겹치는 경우가 있다. 방정식의 해가 x 하나에 y 가 하나라면, 그 식이나 그래프는 방정식도 되고 함수도 된다. ① 이 그런 경우다.

방정식은 미지수,
함수는 변수

>

　　방정식에서는 x, y 같은 문자를 미지수(unknown number)라고 한다. 아직 그 값을 모르는 수라는 뜻이다. 방정식은 해라는 관점에서 보기에, 아직 해의 값을 모르는 문자를 미지수라고 부른다. 그에 비해 3이나 6처럼 그 크기를 정확히 알고 있는 수를 기지수(known number)라고 한다. 방정식 x−y−3=0에서 x와 y는 미지수이고 −3은 기지수다.

　　함수에서는 x, y 같은 문자를 변수라고 부른다. 함수에서 문자는 구체적인 값들을 대표하는 수다. 실제 대응에서 구체적이고 다양한 수로 변한다. 그래서 변수다. 그에 비해 3이나 6 같은 수는 변하지 않는다. 항상 같은 모습이다. 그래서 상수다. 함수 y=x−3에서 x와 y는 변수고 −3은 상수다.

방정식　미지수 : 값을 알지 못하고 있는 수
　　　　　기지수 : 값을 이미 알고 있는 수

함수　변수 : 다양한 수로 바뀌는 수
　　　　상수 : 수의 크기가 변치 않고 항상 일정한 수

이성 간의 열정은 모든 연령대에서 거의 같게 나타난다.

대수적 언어로 말하자면,

그 열정은 항상 주어진 양으로 여겨질 수 있다.

The passion between the sexes has appeared

in every age to be so nearly the same, that it may always be considered,

in algebraic language as a given quantity.

—

정치경제학자 토머스 로버트 맬서스(Thomas Robert Malthus, 1766~1834)

>

방정식 $2x-3=0$은 $2x-3$의 값이 0인 경우만을 묻는다. 그 때의 x값을 구하라는 뜻이다. $2x-3$의 x에 서로 다른 수들을 대입해보라. 그 결과 값도 서로 다르다. x에 대해 $2x-3$의 값은 하나씩 대응한다. 함수라는 얘기다. $2x-3$의 값을 y라고 하면, 그 관계는 일차함수 $y=2x-3$이다.

$2x-3=0$이라는 방정식은, 함수 $y=2x-3$의 특별한 경우이다. x에 따라 $2x-3$의 값은 계속 달라지지만 $2x-3=0$이 되는 경우만을 묻는 게 방정식이다. 다이빙하는 동영상에서 물에 닿는 순간만 일시 정지시켜 보는 것과 같다.

이차방정식 $x^2-3x-4=0$도 마찬가지다. 이 방정식은 함수 $y=x^2-3x-4$의 특별한 경우이다. x에 따라 x^2-3x-4의 값은 계속 달라진다. 그중에서 x^2-3x-4가 0에 대응하는 순간을 묻는 게 이차방정식 $x^2-3x-4=0$이다. 방정식을 함수의 특별한 순간으로 해석할 수 있다.

방정식, 함수의 그래프를 이용해 풀 수 있다

방정식은 어떤 함수의 특별한 순간이다. 이 관계를 응용하면 함수를 이용해 방정식의 해를 수월하게 구할 수 있다.

이차방정식 $x^2+x-2=0$을 푼다고 하자. 보통은 인수분해를 하거나 근의 공식을 활용해 구한다. 수나 문자 같은 기호를 활용한 해법이다. 방정식의 해를 머릿속으로 생각해야 한다. 방정식의 해에 대한 시각적 통찰을 얻을 수는 없다. 그럴 때 함수를 활용하면 딱 좋다. $x^2+x-2=0$은 이차방정식이다. 이 이차방정식은 이차함수 $y=x^2+x-2$의 특별한 순간이다. 방정식 $x^2+x-2=0$은 y값이 0이 되는 x를 찾으라는 뜻이다. 방정식 $x^2+x-2=0$을 푸는 것은, 이차함수 $y=x^2+x-2$에서 y=0일 때의 x를 알아내는 것이다. 함수의 그래프를 그린 후, y=0인 x를 구하면 된다.

$y=x^2+x-2$의 그래프는 포물선이다. 그중 y=0인 경우를 찾으면 된다. y=0이란, 곧 x축이다. 고로 방정식 $x^2+x-2=0$을 푼다는 것은, 이차함수 $y=x^2+x-2$와 x축이 만나는 점의 x좌표를 구하는 것과 같다. 그림으로도 그 값이 2개라는 걸 알 수 있다.

이차방정식 $ax^2+bx+c=0$을 푼다는 것은, 이차함수 $y=ax^2$

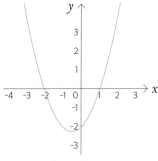

y=x²+x−2의 그래프

+bx+c와 x축이 만나는 점의 x좌표를 구하는 것이다. x절편이
방정식의 해다. x절편의 개수가, 방정식 $ax^2+bx+c=0$의 실근의
개수이다. 그 실근의 개수를 알려주는 게 판별식 $D=b^2-4ac$이다.

	D>0	D=0	D<0
	서로 다른 두 점에서 만난다.	한 점에서 만난다. (접한다.)	만나지 않는다.
a>0	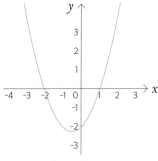		
a<0			

D>0이면 서로 다른 두 실근, D=0이면 두 근이 같은 값을 갖는 중근, D<0이면 실근이 아닌 허근을 갖는다. 그래프와 x축이 만나는 점에 주목하면 된다.

$ax^2+bx+c=0$처럼 방정식의 우변이 꼭 0일 필요는 없다. $ax^2+bx+c=k$처럼 0이 아닌 상수이거나, $ax^2+bx+c=px+q$처럼 일차함수나 이차함수가 될 수도 있다(다른 함수가 되어도 상관없다). 그 경우 방정식의 해란, 두 함수의 교점의 x값이다. 좌변에 있는 함수의 그래프와 우변에 있는 함수의 그래프가 만나는 교점의 x좌표다.

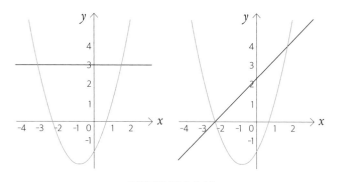

이차방정식과 함수의 관계
이차방정식 $x^2+x-2=3$의 해는, $y=x^2+x-2$의 그래프와 $y=3$의 그래프가 만나는 점의 x좌표다.
이차방정식 $x^2+x-2=x+2$의 해는, $y=x^2+x-2$의 그래프와 $y=x+2$의 그래프가 만나는 점의 x좌표다.
방정식은, 함수 두 개의 등식이다.

현대 수학 전체의 중심적인 문제가 미분방정식에 의해 정의된
초월함수의 연구라는 것은 잘 알려져 있다.

It is well known that the central problem of the whole of modern
mathematics is the study of transcendental functions defined by
differential equations.

—

수학자 펠릭스 클라인(Felix Klein, 1849~1925)

10

함수에도 연산이 있다
— 합성함수

함수는 순서쌍을 만들어내는 프로그램이다. 수가
아니다. 수와는 다른 대상이기에 그 대상에 맞는
연산도 생각해봐야 한다. 그래야 그 대상에 대
한 수학을 폭넓게 전개해갈 수 있다. 함수라는
대상에는 어떤 연산이 있는지 알아보자. 먼저
두 함수를 합성하는 연산이다.

함수의 사칙연산, 원칙적으로는 곤란하다

함수를 연산한다면, 그 결과는 함수여야 한다. 수를 연산하면 수가 되고, 집합을 연산하면 집합이 되듯이 함수를 연산하면 그 결과도 함수여야 한다. 어떤 연산이 가능할지를 확인하려면, 그 연산의 결과에 해당하는 함수가 가능할지를 확인해보면 된다.

모든 연산의 기본인 사칙연산을 먼저 생각해보자. 함수에서도 일반적인 사칙연산이 가능할까? 즉 함수끼리 더하고 빼고 곱하고 나눴을 때 그 결과에 해당하는 함수를 생각할 수 있을까?

함수란, 짝을 맺어주는 프로그램이다. 수나 도형 같은 대상이 아니다. 함수끼리 연산한다는 것은, 프로그램과 프로그램을 더하고 뺀다는 뜻이다. 그 결과에 해당하는 프로그램을 생각할 수 있어야 사칙연산이 가능하다. 서로 다른 규칙의 사다리타기 게임을 더하고 뺄 수 있을까? 그럴 수 없다. 규칙이 다른 프로그램을 더하고 빼고 곱하고 나눌 수는 없다.

함수는 프로그램이기에 일반적인 사칙연산을 적용할 수가 없다. 다른 규칙의 프로그램을 더하고 빼는 것 자체가 안 된다. 성격이 다른 두 프로그램을 합치거나 빼서 하나의 프로그램을 만들어내지 못한다(수식으로 표현되는 함수의 경우는 사칙연산이 가능하다고 볼 수도 있다. 함수 $y=x^2$과 함수 $y=2x$를 더하면, 함수 $y=x^2+2x$가 된다. 결과적으로 문자와 식의 사칙연산이 돼버린다. 보통 이 경우를 따로 언급하지 않기에, 여기에서도 언급하지 않겠다).

>

함수이기에 일반적인 사칙연산은 가능하지 않지만, 함수이기에 새롭게 정의할 수 있는 연산도 있다. 함수 두 개를 바로 더할 수는 없지만, 함수 두 개를 연달아 합성할 수는 있다.

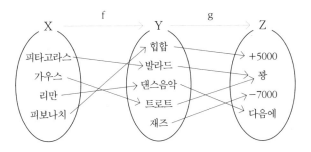

함수 f는 X에서 Y로의 함수이고, 함수 g는 Y에서 Z로의 함수다. f에 의해 X를 Y에 대응시키고, g에 의해 Y를 Z에 대응시킨다. 결과적으로 X를 Z에 대응시킨 셈이 된다. '피타고라스'는 '발라드'를 거쳐 '꽝'에 대응하고, '리만'은 '댄스음악'을 거쳐 '다음에'에 대응한다.

X에서 Z로의 함수는 두 개의 함수를 합성한 결과 가능했다.

함수 두 개를 거치고 나자 X를 Z에 대응시킬 수 있었다. 합성함수라고 한다. 이렇게 함수 두 개를 이어 연결해서 만든 게 합성함수다. 두 개의 물질을 합성하여 새로운 물질을 만들어내듯이, 함수 두 개를 합성해 새로 만들어낸 하나의 함수다.

합성함수는 서로 다른 함수를 합성하여 만들어진다. 함수 f를 먼저, 함수 g를 나중에 합성해낸 합성함수를 g∘f라고 표기한다. ∘를 보통 circle(서클)이라고 읽는다. 합성함수를 표기할 때는 순서에 주의해야 한다. g∘f는 f에 먼저 대응하고, 그다음 g에 대응하는 함수다. 먼저 대응하는 함수가 g∘f처럼 오른쪽에 위치한다.

합성함수는 꼭 두 개로만 구성될 필요가 없다. 조건만 맞는다면 세 개 이상도 가능하다. 집합 X가 f에 의해 대응하고, g에 의해 대응한 후 h에 의해 대응하는 합성함수라면, h∘g∘f가 된다.

여러 개의 함수로 구성되어 있다지만, 합성함수는 하나의 함수다. 둘을 묶어 하나의 함수로 취급하면 된다. 고로 합성함수 g∘f에 의해 원소 x는 다른 원소인 y에 대응한다. 이 관계를 $y=(g∘f)(x)$라고 쓴다. $(g∘f)(x)$는 x를 g∘f라는 함수에 의해 대응시키는 것이다. 먼저 f에 의해 x를 f(x)로 보낸다. 그 f(x)가 g에 의해 또 대응하므로 g(f(x))가 된다. $y=(g∘f)(x)=g(f(x))$다.

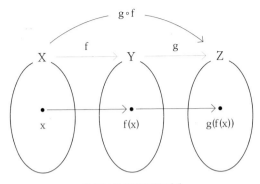

합성함수의 표현과 대응 관계

수학 공식의 도움으로 자연의 법칙을 진술하는 물리학자는
실제 물질세계의 실제 특징을 추상화하고 있다.
비록 추상화를 위해 그가 숫자, 벡터, 텐서, 상태함수, 또는
무엇이든 말한다고 하더라도 말이다.

The physicist who states a law of nature with the aid of a mathematical
formula is abstracting a real feature of a real material world,
even if he has to speak of numbers, vectors, tensors, state-functions,
or whatever to make the abstraction.

—

철학자 힐러리 퍼트남(Hilary Putnam, 1926~2016)

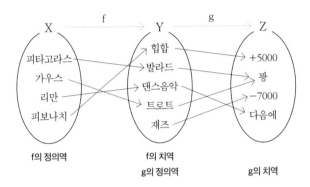

합성함수 g∘f는 두 개의 함수 f와 g로 구성된, 하나의 함수다. 고로 f와 g는 함수로서의 기본 조건을 각각 만족시켜야 한다. 그리고 f(x)의 값이 집합 Y에 포함되어야 한다. 그래야 g에 의해 X의 모든 원소가 Z에 대응할 수 있다.

합성함수 g∘f의 조건 : f의 치역 ⊂ g의 정의역

합성함수의
교환법칙과 결합법칙

함수의 연산을 검토할 때는 2+3=3+2처럼 앞뒤를 서로 바꾸어도 되는지, 2+(3+5)=(2+3)+5처럼 뒤부터 연산해도 괜찮은지를 확인해야 한다. 합성함수에서도 교환법칙과 결합법칙이 가능한지 점검해보자.

g∘f=f∘g가 성립하는가?
h∘(g∘f)=(h∘g)∘f가 성립하는가?

교환법칙부터 확인하자. 순서를 바꿔서 합성함수를 만들어도 그 결과는 같을까? $f(x)=x^2$이고, $g(x)=x+1$이라 하고 합성함수를 만들어보자.

$$(g \circ f)(x) = g(f(x)) = g(x^2) = x^2 + 1$$

$$(f \circ g)(x) = f(g(x)) = f(x+1) = (x+1)^2 = x^2 + 2x + 1$$

$$\therefore (g \circ f)(x) \neq (f \circ g)(x) \longrightarrow f \circ g \neq g \circ f$$

합성함수에서 교환법칙은 성립하지 않는다.

결합법칙은 어떨까? $(h \circ (g \circ f))(x)$와 $((h \circ g) \circ f)(x)$를 비교해보자. $h(x)=x^2-1$, $g(x)=x+1$, $f(x)=3x$라 하고 $(h \circ (g \circ f))(x)$와 $((h \circ g) \circ f)(x)$를 구해보자. 헷갈리지 않도록 $g \circ f$와 $h \circ g$를 먼저 정리해 치환하자.

$(g \circ f)(x)=g(f(x))=g(3x)=3x+1$

$\longrightarrow i(x)$

$(h \circ g)(x)=h(g(x))=h(x+1)=(x+1)^2-1=x^2+2x$

$\longrightarrow j(x)$

이제 $(h \circ (g \circ f))(x)$와 $((h \circ g) \circ f)(x)$를 구하자.

$(h \circ (g \circ f))(x)=(h \circ i)(x)=h(i(x))=h(3x+1)$
$$=(3x+1)^2-1=9x^2+6x$$

$((h \circ g) \circ f)(x)=(j \circ f)(x)=j(f(x))=j(3x)$
$$=(3x)^2+2(3x)=9x^2+6x$$

$\therefore (h \circ (g \circ f))(x)=((h \circ g) \circ f)(x)$

$\longrightarrow h \circ (g \circ f)=(h \circ g) \circ f$

합성함수에서 결합법칙은 성립한다.

합성함수에서 결합법칙은 성립한다. 함수를 일반화시켜서 증명할 수도 있다. $(g \circ f)(x)=i(x)$, $(h \circ g)(x)=j(x)$라고 치환해서 정리하면 다음과 같다.

$$(h \circ (g \circ f))(x)=(h \circ i)(x)=h(i(x))=h(g(f(x)))$$
$$((h \circ g) \circ f)(x)=(j \circ f)(x)=j(f(x))=h(g(f(x)))$$
$$\therefore (h \circ (g \circ f))(x)=((h \circ g) \circ f)(x)$$

합성함수에서는 교환법칙이 성립하지 않는다. 순서를 바꿔 합성함수를 만들면 결과가 달라진다. 합성함수에서는 순서에 주의해야 한다. 하지만 결합법칙은 성립한다. 세 개 이상의 함수를 합성할 때는 앞을 먼저 합성하는 것이나 뒤를 먼저 합성하는 것이나 결과는 같다. 결합하는 순서에 신경 쓰지 않아도 된다.

같은 목적지에 도달하기 위해
우리 모두가 같은 좌표를 가질 필요는 없다.
젊은 아프리카계 미국인 여성 예술가로서,
나는 젊은 흑인 소녀들에게 문을 열어주고 싶다.

We don't all have to take the same coordinates
to get to the same destination.
Being a young African American female artist,
I want to open doors for young black girls.

—

가수 저넬 모네이(Janelle Monáe, 1985~)

11

함수에도 연산이 있다
— 역함수

함수의 연산으로 또 주목해야 하는 게 있다. 뒤집어서 연산해보는 역연산이다. 역연산을 통해 새로 만들어진 수가 많았다. 역연산은 함수에서도 가능하다. 어떤 함수의 방향을 뒤집는 게 가능하기 때문이다. 함수의 역연산이란 어떤 걸까?

>

연산에도 역연산이 있듯이, 함수에도 역함수가 있다. 역함수란, 어떤 함수의 방향을 거꾸로 뒤집어놓은 함수를 말한다. 함수 f의 역함수를 f^{-1}라고 표기한다.

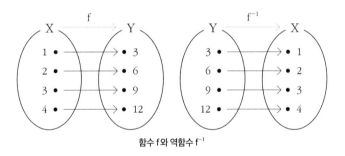

함수 f와 역함수 f^{-1}

함수 f의 방향은 X에서 Y를 향한다. 함수 f에 의해 대응하는 순서쌍은 (1, 3), (2, 6), (3, 9), (4, 12)이다. 여기에서 방향을 뒤집어보자. X에서 Y로 대응시키는 게 아니라, Y에서 X로 대응시킨다. 그때의 순서쌍은 (3, 1), (6, 2), (9, 3), (12, 4)이다. 이렇게 함수 f의 순서를 뒤집어놓은 함수가 역함수 f^{-1}이다.

역함수는 존재하는 어떤 함수로부터 만들어진다. 거울에 비

친 모습처럼 함수의 방향이 반대로 바뀌어 있다. f의 정의역은
f^{-1}의 치역이 되고, f의 치역은 f^{-1}의 정의역이 된다. f의 순서쌍
(a, b)는 f^{-1}의 순서쌍 (b, a)가 된다. 함수 f는 y=f(x)로 표현되지
만, 역함수 f^{-1}는 x와 y가 바뀌어 있으므로 x=f^{-1}(y)가 된다. 함
수 f에서 y는 x의 함수이지만, 역함수 f^{-1}에서 x는 y의 함수다.

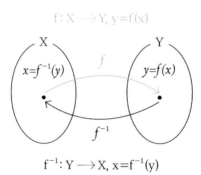

3부_ 함수, 어떻게 공부할까?

>

역함수도 함수 중 하나다. 고로 역함수에 대한 역함수를 또 생각할 수 있다. f는 X에서 Y로의 함수이므로, f^{-1}는, Y에서 X로의 함수가 된다. 그 역함수 f^{-1}의 역함수 $(f^{-1})^{-1}$는 다시 방향을 바꾸므로, X에서 Y로의 함수가 된다. 원래의 함수 f와 같다.

$$f : X \longrightarrow Y$$
$$f^{-1} : Y \longrightarrow X$$
$$(f^{-1})^{-1} : X \longrightarrow Y$$
$$\therefore \ (f^{-1})^{-1} = f$$

합성함수에 대한 역함수도 생각할 수 있다. 합성함수 $g \circ f$의 역함수가 어떻게 되는지 다이어그램을 통해 알아보자.

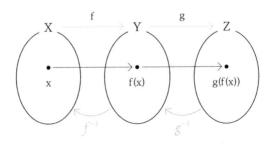

g∘f는 f에 의해 먼저 대응하고, 그다음 g에 의해 대응한다. X에서 Y로, Y에서 Z로 향하는 함수다. g∘f의 역함수 $(g \circ f)^{-1}$은 이 순서를 뒤집어야 한다. Z에서 Y로 먼저 대응하고, 그다음 Y에서 X로 대응한다. Z에서 Y로의 대응은, g의 역함수인 g^{-1}이다. Y에서 X로의 대응은, f의 역함수인 f^{-1}이다. 합성함수로 표현하면 $f^{-1} \circ g^{-1}$이다.

$$g \circ f : x \xrightarrow{\ f\ } Y \xrightarrow{\ g\ } Z$$

$$(g \circ f)^{-1} : Z \xrightarrow{\ g^{-1}\ } Y \xrightarrow{\ f^{-1}\ } X$$

$$\therefore\ (g \circ f)^{-1} = f^{-1} \circ g^{-1}$$

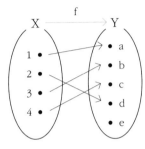 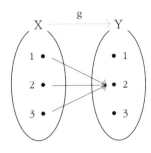

X에서 Y로 향하는 함수 f와 g가 있다. f와 g의 역함수를 생각해보자. 거울에 비친 이미지처럼 방향을 뒤집어보자.

① ②

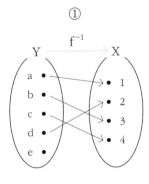 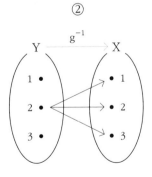

함수 f와 g의 방향과 순서를 뒤집었다. 이론적으로는 역함수다. 그런데 둘 다 함수의 조건을 충족시키지 못한다. f^{-1}는 Y의 모든 원소가 대응하지 않았다. g^{-1}은 Y의 원소 하나가 X의 원소 세 개에 대응한다. f^{-1}도 g^{-1}도 함수가 아니다. 고로 f와 g는 역함수가 존재하지 않는다.

역함수도 함수 중 하나다. 역함수가 되려면 먼저 함수가 되어야 한다. 함수의 역함수라고 해서, 그 역함수가 꼭 함수가 되는 게 아니다. 어떤 함수의 역함수는 함수가 되지 않는다. 역함수가 존재하기 위한 조건이 있다.

역함수 f^{-1}가 존재하는 조건은 분명하다. 함수 f에서 Y의 원소 모두가 대응해야 한다. 안 그러면 본문 187쪽의 ①처럼 역함수의 정의역에 대응하지 않는 원소가 발생한다. 그리고 함수 f에서 X의 서로 다른 원소가 Y의 같은 원소에 대응해서도 안 된다. 그러면 ②처럼 함수에서 하나의 원소가 여러 원소에 대응하게 된다. 함수의 조건을 벗어난다(역함수를 통해 원소 하나가 여러 개의 원소에 대응하는 다가함수를 생각할 수 있으나, 교과과정을 벗어난다).

역함수 f^{-1}가 존재하려면, 함수 f의 공역과 치역이 같아야 한다. 그리고 X의 서로 다른 원소는 Y의 서로 다른 원소에 대응해야 한다. 이 두 조건을 모두 만족시키는 함수에서만 역함수가 존재한다. 그 조건을 일대일 대응이라고 한다. 결과적으로 X와 Y는 원소의 개수가 같다.

X에서 Y로의 함수 f에 대해 역함수가 존재하려면

1) 공역과 치역이 같아야 한다.

$\longrightarrow$ $f(X) = Y$

2) 서로 다른 X의 원소가 서로 다른 Y의 원소와 대응해야 한다.

$\longrightarrow$ 정의역 X의 원소 x_1, x_2에 대해

$x_1 \neq x_2$이면 $f(x_1) \neq f(x_2)$

역함수의
그래프

역함수는 어떤 함수로부터 만들어진다. 이런 관계는 역함수의 수식이나 그래프를 구하는 데 요긴한 힌트가 된다. 역함수의 수식과 그래프를, 기존 함수의 수식과 그래프로부터 손쉽게 얻을 수 있다.

역함수 f^{-1}은 함수 f의 방향을 뒤집은 것이다. f에서의 x는 f^{-1}에서 y가 되고, f에서의 y는 f^{-1}에서 x가 된다. x와 y가 뒤바뀐다. 역함수의 수식은 함수의 수식에서 x를 y로, y를 x로 바꿔 정리하면 된다. 그 방법으로 함수 y=2x−3의 역함수를 구해보자.

$y=2x-3$ ············ x를 y로, y를 x로 바꾼다.

$x=2y-3$ ············ y에 대해서 정리한다.

$2y=x+3$

$y=\dfrac{1}{2}x+\dfrac{3}{2}$

역함수의 그래프는 역함수의 수식을 구해서 직접 그래프를 그릴 수도 있다. 하지만 더 쉬운 방법이 있다. 역함수는 함수의 x

와 y를 바꾼 것이다. 함수 f의 그래프 위의 점 P(x, y)는 역함수의 그래프 위의 점 P'(y, x)가 된다. 함수 f의 점 (2, 1)은 역함수 f⁻¹에서 (1, 2)가 된다. 이런 성질은 y=x에 대칭일 때 나타난다.

역함수의 그래프는 함수의 그래프를 y=x에 대해 대칭이동하면 된다. 그러면 함수의 그래프 위의 점 (x, y)는 역함수의 그래프 위의 점 (y, x)가 된다. 함수 y=2x+3의 그래프를 y=x에 대칭이동시켜보라. 그 그래프가 역함수 $y=\dfrac{1}{2}x+\dfrac{3}{2}$ 의 그래프가 된다.

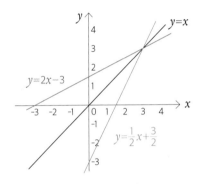

함수와 역함수의 그래프

함수 y=2x-3과 역함수의 그래프다. 두 그래프는 y=x에 대해 대칭이다.
역함수의 그래프는, 함수의 그래프를 y=x에 대해 대칭이동시킨다.

역함수에서는 범위에 주의해야 한다. 함수에 따라 정의역이나 치역이 실수 전체가 아닌 경우가 있다. 그 경우 함수의 정의역은 역함수의 치역이 되고, 함수의 치역은 역함수의 정의역이 된다. 이런 변환에 주의해야 한다.

$y=a^x$ 같은 지수함수는 x의 범위가 실수 전체이고 y는 0보다 크다. 이 지수함수의 역함수는 x와 y를 바꾼 함수인데, 그것이 로그함수이다. 고로 로그함수에서 x는 0보다 크고, y는 실수 전체가 된다. 지수함수와 반대다.

외설성은 문화의 함수이다. 수학적 의미에서의 함수이다.

즉 외설성은 그것이 의존하는 변수의 값에 따라 변한다.

Obscenity is a function of culture—

a function in the mathematical sense, I mean,

its value changing with that of the variables on which it depends.

—

작자 미상

12

함수를 공부할 때
주의할 점

함수는 워낙 다양한 모습으로 변신을 한다. 그러다 보니 함수를 공부하면서 헷갈리거나 잘못 이해하는 경우가 있다. 함수의 개념을 정확하게 이해해둬야 한다. 함수를 공부할 때 주의할 점 몇 가지를 정리해보자.

함수라고 다 규칙이
있는 것은 아니다

수학에서는 주로 수식으로 표현되는 함수를 다룬다. 일차함수, 이차함수, 지수함수, 로그함수, 삼각함수 등이 모두 그렇다. 모두 일정한 규칙이 있다. 그러다 보니 함수란 일정한 규칙을 가진 식이라고 생각하기 쉽다.

주로 접하는 함수, 주로 관심을 두는 함수들은 규칙이 있는 함수들이다. 그런 함수들이 유용하고 수학에서 두루 다룰 수 있기 때문이다. 그렇다고 해서 규칙이 있어야만 함수인 것은 아니다.

함수는 순서쌍을 만드는 프로그램이다. 그 순서쌍에는 규칙이 있어도 되고 없어도 된다. 대응만 제대로 시켜준다면 규칙이 있고 없고는 선택 사항이다. 함수는 규칙도 넘어서고, 수나 도형 같은 대상도 넘어선다. 순서쌍의 집합만 만들어내면 모두 함수다.

함수 f(x)=|x| 정의역 X={-1, 0, 1}

함수 g(x)=x² 정의역 X={-1, 0, 1}

두 개의 함수 f와 g가 있다. 정의역은 같지만, 함수식은 다르다. x에 정의역의 원소를 대입해 각 함수에서 어떤 순서쌍이 만들어지는지 살펴보자.

f={(-1, 1), (0, 0), (1, 1)}

g={(-1, 1), (0, 0), (1, 1)}

f와 g에 의해 만들어진 순서쌍은 서로 같다. 함수식은 다르지만, 함수에 의한 대응의 결과는 같다. 이런 경우 f와 g는 서로 같다고 한다. 대응의 결과가 같으면 두 함수는 상등인 함수다. 함수식은 꼭 같지 않아도 된다. 함수는 순서쌍의 집합을 만들어내는 프로그램이기 때문이다.

>

일차함수 $y=ax+b(a{\neq}0)$는 직선이다. x 하나에 y 하나가 정확히 대응한다. 그런데 직선이라고 해서 반드시 일차함수인 건 아니다. 심지어는 직선인데도 함수가 아닌 게 있다. 일차함수는 아니지만 함수인 직선도 있고, 아예 함수가 아닌 직선도 있다.

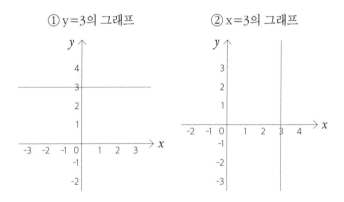

① y=3의 그래프   ② x=3의 그래프

①과 ② 모두 직선이다. ①은 모든 x가 3에 대응한다. …, (−1, 3), (0, 3), (1, 3), (2, 3), …. 그래프의 식은 y=3이다. 일차함수가 아니다. 직선이지만 일차함수가 아닌 함수다. y=c (c는 상

수)와 같은 상수함수는, 직선인 함수지만 일차함수는 아니다.

②는 x좌표가 3이다. y좌표는 모든 실수다. …, $(3, -1)$, $(3, 0)$, $(3, 1)$, $(3, 2)$, …. 그래프의 식은 x=3이다. x 하나에 대해 무한히 많은 y가 대응한다. x=k(k는 상수)는 직선이다. 하지만 함수가 아니다. 당연히 일차함수도 아니다.

직선이라고 해서 모두 일차함수인 것은 아니다. 조건에 따라 직선의 함수 여부는 달라진다.

직선 1) y=ax+b (a≠0)

　　　　——→ 기울기가 0이 아닌 직선이자 일차함수

　　 2) y=c (c는 상수)

　　　　——→ x축에 평행한 직선이자 상수함수

　　 3) x=k (k는 상수)

　　　　——→ y축에 평행한 직선, 함수가 아니다.

>

좌표평면은 x축과 y축에 의해 네 개의 부분으로 나뉜다. 그
래서 사분면이라고 한다. 네 개로 나뉜 면이다. 각 영역에 속해
있는 점들의 x좌표와 y좌표의 부호가 같다. 1사분면은 x, y 모두
양수다. 3사분면은 x, y 모두 음수다.

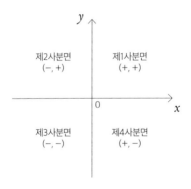

그런데 사분면에 포함되지 않는 것들이 있다. x축과 y축 위
의 점들이다. x값 또는 y값이 0인 점들은, 어느 사분면에도 속하
지 않는다. 사분면을 구분하는 기준선 위에 있기 때문이다. 양수
와 음수를 가르는 기준인 0이 양수도 음수도 아닌 이유와 같다.

지수함수 이후, 사인 및 코사인 같은 순환함수가 고려되어야 한다.
허수가 지수에 관련될 때 그런 함수가 발생하기 때문이다.

After exponential quantities the circular functions, sine and cosine,
should be considered because they arise when imaginary quantities are
involved in the exponential.

—

수학자 레온하르트 오일러(Leonhard Euler, 1707~1783)

>

　수식으로 표현되는 함수들은 그래프로 그려진다. 그러나 그
래프라고 해서 모두 함수의 그래프는 아니다. 함수가 아닌 방정
식의 그래프도 있다.

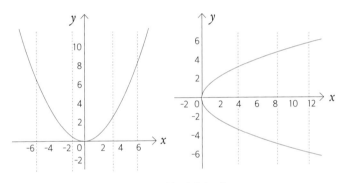

함수의 그래프, 함수가 아닌 그래프
모양이 같은 포물선이지만 왼쪽은 함수이고 오른쪽은 함수가 아니다.
오른쪽 그래프는 x 하나에 y가 두 개 대응하는 곳이 있다.

　함수의 그래프에는 고유한 특징이 있다고 했다. X의 각 원소
에 Y의 원소가 오직 하나씩 대응해야 한다. 정의역의 모든 x에 대
해, 그 점을 지나고 y축에 평행한 직선을 그어보라. 함수의 그래

프는 그 직선과 오직 한 점에서만 만난다. 그 특징이 함수의 조건을 뜻하기 때문이다. 교점이 없거나, 교점이 두 개 이상이라면 함수의 그래프가 아니다. 함수의 그래프인지 알고 싶거든, 정의역의 모든 x에 대해 y축과 평행한 직선을 그어라. 그 직선과 그래프의 교점이 몇 개인지 세어보면 된다.

>

함수의 그래프라고 하면 선으로 쭉 이어진 것이라고 생각하기 쉽다. 실제로 일차함수나 이차함수, 지수함수나 삼각함수 등이 모두 쭉 이어져 있다. 한붓그리기처럼 그릴 수 있다. 하지만 함수의 그래프라고 해서 꼭 연속해야 한다는 규칙은 없다.

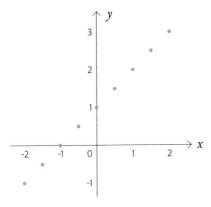

점 몇 개만 찍혀 있는 함수의 그래프

좌표평면 위에 몇 개의 점이 찍혀 있다. 연속하지 않는다. 그렇다면 함수의 그래프가 아닐까? 아니다. 위 그래프는 엄연히 함수의 그래프다. 함수에 의해 대응하는 집합 X의 원소가 실수 전체가 아닐 뿐이다. 함수 $y=x+1$의 그래프인데, x의 원소가 9개뿐이다. 그래서 그래프가 이어지지 않고 몇 개의 점으로 찍혀 있다.

　　함수의 그래프는, 함수의 순서쌍을 좌표로 하는 점 전체를 나타낸 것이다. 순서쌍을 점으로 찍어놓기만 하면 된다. 연속이어야 한다는 조건은 없다. 함수의 그래프가 연속이냐 아니냐는, 함수이냐 아니냐와 관련된 게 아니다. 함수에서 x의 범위가 실수 전체이냐 아니냐와 더 관련된다. x의 범위가 실수 전체가 아니라면, 함수의 그래프는 점으로 끊어지거나 연속하되 특정 구간만 존재할 수도 있다(x의 범위가 실수 전체더라도 연속이 아닌 그래프가 존재할 수 있으나, 교과과정에서는 다뤄지지 않는다).

중국 전역에서 부모들은 아이들에게 불평을 그만두고
이차방정식과 삼각함수를 끝내라고 말한다.
왜냐하면 수학을 전혀 하지 않고 잠자리에 드는
6,500만 명의 미국 아이들이 있기 때문이다.
All over China, parents tell their children to stop complaining and to
finish their quadratic equations and trigonometric functions because there
are sixty-five million American kids going to bed with no math at all.

—

작가 마이클 커닝햄(Michael Cunningham, 1952~)

13

함수 간의
관계에 주목하자

서로 다른 함수지만, 서로 닮은 함수가 있다. 그래
프의 기본 모양은 같은데, 위치가 다른 함수들이
다. 함수의 그래프 하나를 적절히 이동하면 다
른 함수의 그래프와 같아진다. 떨어져 있는 삼
각형이 합동인 것과 같다. 그런 함수들은 특별
한 관계에 있기에, 수식이나 그래프를 쉽게 파악
할 수 있다.

>

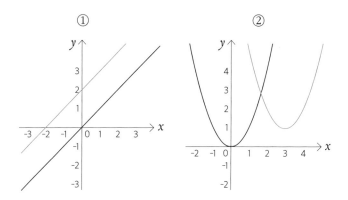

①은 일차함수 y=x와 y=x+2의 그래프다. 두 직선이 평행한 상태다. y=x의 그래프를 y축으로 2만큼 이동시키면 두 그래프는 일치한다. 두 직선의 기울기가 같기 때문이다. 기울기가 같은 두 직선일 경우, 한 직선을 적절히 이동하면 다른 직선과 일치한다. 일차함수 y=ax+b에서 기울기를 뜻하는 a가 같은 두 직선이면 그렇다.

②는 이차함수 $y=x^2$과 $y=(x-3)^2+1$의 그래프다. 서로 다른 이차함수다. 하지만 $y=x^2$을 x축으로 3, y축으로 1만큼 이동

시키면 두 그래프는 일치한다. $y=(x-3)^2+1$을 x축으로 -3, y축으로 -1만큼 이동시켜도 마찬가지다. 양옆으로 벌어지는 정도가 같은 포물선이기 때문이다. 그 벌어지는 정도를 결정하는 것은 $y=ax^2+bx+c$에서 a다. a가 같은 이차함수일 경우, 그래프 하나를 적절히 이동하면 다른 그래프와 일치한다.

서로 다른 함수의 그래프지만, 적절히 이동하면 같아지는 경우가 있다. 모든 그래프가 그런 것은 아니다. 특별한 조건을 만족할 때만 그렇다. 일차함수 $y=ax+b$에서는 기울기를 뜻하는 a가 같아야 하고, 이차함수 $y=ax^2+bx+c$에서는 포물선이 양옆으로 벌어지는 정도를 결정하는 a가 같아야 한다.

하나의 그래프를 x축이나 y축으로 일정한 크기만큼 이동하는 것을 평행이동이라 한다. 평행이동을 통해 일치하는 함수의 그래프들은 특별한 관계에 있다. 그런 특별함은 함수식에서도 나타난다. 함수식에도 특별한 공통점이 있다. 함수식의 관계를 통해 그래프의 관계를, 그래프의 관계를 통해 함수식의 관계를 유추할 수 있다.

>

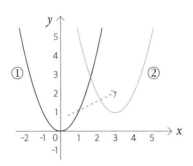

①의 함수식은 y=x²이다. 이 그래프를 x축으로 3, y축으로 1만큼 평행이동하면 ②의 그래프가 된다. 이 관계만으로도 ②의 함수식을 알아낼 수 있다.

알고 싶은 것은 ②의 함수식이다. 그 그래프 위에 있는 임의의 점을 P′라 하고 그 점의 좌표를 (x′, y′)라 하자. 알아내야 할 것은 x′와 y′의 관계식이다. 그 관계식이 함수식이기 때문이다. 그 관계식에는 등호가 반드시 포함되어 있어야 한다.

②의 함수식을 알아낼 수 있는 힌트는 평행이동이다. 원래 그래프인 ①위에 있는 점을 P(x, y)라고 하자. 그 점을 평행이동

시키면 점 P'(x', y')가 된다. 점 P'들이 그려낸 그래프가 ②다. 점 P와 점 P' 사이에는 다음과 같은 관계가 성립한다.

$$\text{점 P}(x,\ y) \xrightarrow[\ \ (x+3,\ y+1)\ \ ]{\substack{x\text{축으로 }3,\ y\text{축으로 }1\text{만큼}\\ \text{평행이동}}} \text{점 P}'(x',\ y')$$

점 P'(x', y')는 평행이동하여 만들어진 점이므로 (x+3, y+1)과 같아야 한다.

$$P'(x', y') = P'(x+3,\ y+1)$$
$$x' = x+3 \qquad y' = y+1$$
$$x'-3 = x \qquad y'-1 = y$$

구해야 할 것은 x'와 y'가 포함된 관계식이다. x'와 y'가 포함된 등식을 만들어야 한다. 그 등식을 만들어낼 토대는 ①의 함수식 $y = x^2$이다. x 대신에 x'−3을, y 대신에 y'−1을 대입하면 x'와 y'의 관계식이 만들어진다.

$$y = x^2 \quad \cdots\cdots\cdots \quad x = x'-3,\ y = y'-1\text{을 대입한다.}$$
$$y'-1 = (x'-3)^2$$
$$y' = (x'-3)^2 + 1$$

x'와 y'의 관계식이 등장했다. 그 식이 그래프 ②의 함수식이다. 고로 $y'=(x'-3)^2+1$을 그냥 $y=(x-3)^2+1$이라고 이해하면 된다.

함수 $y=f(x)$의 그래프를 x축으로 a, y축으로 b만큼 평행이동하자. 그 그래프의 함수식은, $y=f(x)$에서 x 대신에 x−a, y 대신에 y−b를 대입하면 된다. 평행이동한 크기와는 부호가 반대다.

$$y=f(x) \xrightarrow{\substack{\text{x축으로 3, y축으로 1만큼}\\\text{평행이동}}} y-b=f(x-a)$$

일차함수 $y=3x$, 이차함수 $y=x^2+x$, 지수함수 $y=2^x$가 있다. 각 그래프를 x축으로 −3, y축으로 +2만큼 평행이동했다고 하자. 평행이동한 그래프의 함수식은 x 대신에 x+3, y 대신에 y−2를 대입해 정리하면 된다.

$$y=3x \xrightarrow{(x \to x+3,\, y \to y-2)} y-2=3(x+3)$$
$$y-2=3x+9$$
$$y=3x+11$$

$$y = x^2 + x \quad \longrightarrow \quad y - 2 = (x+3)^2 + (x+3)$$

$$y - 2 = x^2 + 6x + 9 + x + 3$$

$$y = x^2 + 7x + 14$$

$$y = 2^x \quad \longrightarrow \quad y - 2 = 2^{(X+3)}$$

$$y - 2 = 2^x \cdot 2^3$$

$$y = 8 \cdot 2^x + 2$$

두 좌표계 모두 동일한 정당성을 가지고 사용될 수 있다.

'태양이 정지해 있고 지구가 움직인다'

또는 '태양이 움직이고 지구가 정지해 있다'라는 두 문장은,

두 개의 다른 좌표계에 관한 두 개의 다른 규약을 의미한다.

Either coordinate system could be used with equal justification.

The two sentences: the sun is at rest and the earth moves, or the

sun moves and the earth is at rest, would simply mean two different

conventions concerning two different coordinate system.

—

물리학자 알베르트 아인슈타인(Albert Einstein, 1879~1955)

대칭이동한 함수의
식과 그래프

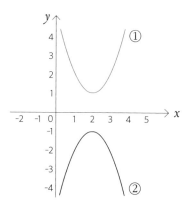

①은 이차함수 $y=(x-2)^2+1$의 그래프이고, ②는 이차함수 $y=-(x-2)^2-1$의 그래프다. 두 그래프는 평행이동 관계에 있지 않다. x축이나 y축으로 아무리 움직여봐도 일치하지 않는다. 하지만 두 그래프를 일치시킬 방법이 있다. 거울의 이미지처럼 두 그래프는 x축을 기준으로 대칭이다.

어떤 도형을 점이나 직선에 대해 대칭인 도형으로 옮기는 것이 대칭이동이다. 기준이 되는 점이 대칭의 중심, 기준이 되는 직선이 대칭축이다. ①과 ②는 대칭이동의 관계에 있다. x축이 대칭축이다.

　대칭이동의 관계에 있는 두 그래프는 함수식에 있어서도 특별한 관계에 있다. ②의 함수식을 ①의 함수식과 대칭이동이라는 조건을 통해서 구해보자. ①위에 있는 점 P(x, y)를 x축에 대해 대칭이동하면 점 P'(x', y')가 된다. x축에 대해 대칭이동이므로, 점 P의 x좌표는 변함이 없다. 변하는 것은 y좌표다. y좌표가 −y로 바뀐다. (2, 1)을 x축에 대해 대칭이동하면 (2, −1)이 된다. 즉 P'(x', y')=P'(x, −y)이다.

$$\text{점 P(x, y)} \xrightarrow[\substack{\text{P'(x', y')=P'(x, −y), x'=x, y'=−y}}]{\substack{\text{x축에 대칭이동 : x는 그대로, y는 −y로}}} \text{점 P'(x, −y)}$$

　위 관계와 ①의 함수식을 활용해 ②의 함수식을 구해보자. x'=x, y'=−y라는 관계를 ①의 함수식에 대입하면 된다.

①의 함수식 : $y=(x-2)^2+1$

$x=x', \ y=-y'$ 대입

②의 함수식 : $-y'=(x'-2)^2+1$

$y'=-(x-2)^2-1$

대칭이동이라는 조건을 ①의 함수식에 적용해 얻어낸 결과를 보라. ②의 함수식 $y=-(x-2)^2-1$과 같다. 대칭이동이라는 특별한 조건을 수식에 적용하면, 대칭이동한 그래프의 수식을 쉽게 구할 수 있다.

대칭이동에서 주로 다뤄지는 경우는 네 가지다. x축에 대한 대칭이동, y축에 대한 대칭이동, 원점에 대한 대칭이동, 직선 y=x에 대한 대칭이동이다. y=x에 대한 대칭이동은 역함수의 경우와 같다. 각 경우마다 점 P(x, y)가 어떤 점 P(x', y')로 변하는지를 파악하면, 대칭이동한 그래프의 함수식을 구할 수 있다.

1) x축에 대한 대칭이동

$$P(x, y) \xrightarrow{\;x'=x,\; y'=-y\;} P'(x', y')=P'(x, -y)$$
$$y=f(x) \xrightarrow{\hspace{3cm}} -y=f(x)$$

2) y축에 대한 대칭이동

$$P(x, y) \xrightarrow{\;x'=-x,\; y'=y\;} P'(x', y')=P'(-x, y)$$
$$y=f(x) \xrightarrow{\hspace{3cm}} y=f(-x)$$

3) 원점에 대한 대칭이동

$$P(x, y) \xrightarrow{\quad x'=-x,\ y'=-y \quad} P'(x', y')=P'(-x, -y)$$

$$y=f(x) \xrightarrow{\hspace{3cm}} -y=f(-x)$$

4) y=x에 대한 대칭이동

$$P(x, y) \xrightarrow{\quad x'=y,\ y'=x \quad} P'(x', y')=P'(y, x)$$

$$y=f(x) \xrightarrow{\hspace{3cm}} x=f(y)$$

일차함수는 직선이므로, 기울기만 같다면 평행이동이 가능하다. $y=2x+1$과 $y=2x+3$은 평행이동하면 그래프가 일치한다. 얼마나 평행이동해야 하느냐는 상수항에 따라 결정된다. $y=2x+3$의 그래프는 $y=2x+1$의 그래프를 y축으로 2만큼 평행이동하면 된다.

이차함수 $y=ax^2+bx+c$는, $y=ax^2$의 그래프를 평행이동한 그래프다. 얼마나 평행이동했는가를 알려면, 수식을 완전제곱의 형태인 $y=a(x-p)^2+q$로 바꾸면 된다. $y=a(x-p)^2+q$는 $y=ax^2$의 그래프를 x축으로 p, y축으로 q만큼 평행이동한 것이다.

$$y=2x^2-4x+5$$
$$=2(x^2-2x+1-1)+5$$
$$=2(x-1)^2-2+5$$
$$=2(x-1)^2+3$$

∴ $y=2x^2-4x+5$는 $y=2x^2$을 x축으로 1, y축으로 3만큼 평행이동한 것이다.

함수식에는 일정한 패턴이 있고, 함수의 그래프에는 일정한 꼴이 있다. 그런 패턴과 꼴을 바로 알 수 있는 함수식의 형태를 표준형이라고 한다. 이차함수의 경우는 $y=a(x-p)^2+q$와 같은 완전제곱 형태가 표준형이다.

각 함수마다 일정한 패턴과 꼴이 있다. 각 함수를 표준형으로 변형하면 그런 패턴이나 꼴을 금방 알 수 있다. 어떤 형태의 그래프인지, 얼마만큼 평행이동한 것인지가 금방 파악된다. 각 함수마다 표준형을 알아두자.

$y=ax+b$
일차함수 $y=ax$를 y축으로 b만큼 평행이동

$y=a(x-p)^2+q$
이차함수 $y=ax^2$을 x축으로 p, y축으로 q만큼 평행이동

$y=a^{(x-p)}+q$
지수함수 $y=a^x$를 x축으로 p, y축으로 q만큼 평행이동

$y=\log_a(x-p)+q$
로그함수 $\log_a x$를 x축으로 p, y축으로 q만큼 평행이동

함수,
어디에 써먹을까?

14

일상의 순간순간을
휙휙 바꾼다

함수는 수학적인 개념이지만 일상에서도 매우 요긴하게 사용된다. 둘 사이의 특별한 관계를, 함수라는 말로 특별하게 표현해낸다. 함수와 관련된 일상적 표현도 은근히 많다. 함수 역할을 하는 프로그램, 함수처럼 작동하는 프로그램도 많다. 우리도 모르는 사이에 함수는 일상의 순간순간을 다른 모습으로 바꾸고 있다.

함수라는 말 자체는 조금 어려워서인지 혼하게 사용되지는 않는다. 하지만 신문이나 잡지의 기사에서는 제법 자주 쓰인다. 이 사람과 저 사람, 이것과 저것의 특별한 관계를 말하고 싶을 때 함수라는 말이 유용하게 활용된다. 기름값과 물가의 함수관계라든가, 드라마의 홍행과 제작비의 함수관계라는 형태로 사용된다.

함수의 개념과 관련된 표현은 꽤 있다. 변수와 상수라는 말이 대표적이다. 변수는 함수에서 다양한 값으로 변하는 문자다. 어떤 값이냐에 따라 함숫값이 달라진다. 함숫값의 변화에 영향을 미친다. 그 정도를 예측하기 어렵다는 점에서, 변수는 주목해야 할 존재로 여겨진다. 상수는 그 값이 고정된 수나 문자다. 그 영향력이 일정하다. 예측 가능해서, 굳이 주목하지 않아도 된다.

귀추를 주목하게 만드는 중요한 존재를 변수, 충분히 예측 가능한 존재를 상수에 비유한다. 상수가 되지 말고 변수가 되라는 건, 예측 가능한 존재가 아니라 관심을 끄는 중요한 존재가 되라는 말이다.

'하나를 보면 열을 안다'는 표현은, 하나를 통해 열을 추측해낼 수 있다는 뜻이다. 1개에 1,000원이라면 10개 가격을 굳이 알려주지 않아도 된다. 10을 곱하면 된다. 그 관계가 정비례다. 그래프로 치자면 y=ax 같은 직선이다. 기울기 하나만 알면 모든 걸 계산해낼 수 있다.

함수라는 말이 안 들어갔어도, 함수와 관련된 용어가 없어도 함수 개념을 포함한 표현은 많다. 그만큼 함수라는 개념이 일상적이다.

선형적 : 비선형적 = 일차함수 : 비(非)일차함수
영화 〈컨택트〉(2016)는 외계인과의
만남을 다룬다. 지구인의 언어를 선형적,
외계인의 언어를 비선형적이라 묘사한다.
선형적이란, 직선처럼 순서와 방향이 있다.
일차함수 같은 상태를 말한다.
비선형적이란, 직선(일차함수)이 아닌 상태다.
영화는 외계인의 문자를 원형으로 묘사했다.

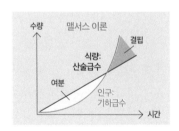

산술적 : 기하급수적 = 일차함수 : 지수함수
식량은 산술적으로, 인구는 기하급수적으로
증가한다고 맬서스는 주장했다.
산술적 증가는 일정한 크기의 합으로 커지는
일차함수적 증가를, 기하급수적 증가는
일정한 크기의 곱으로 커지는
지수함수적 증가를 뜻한다.

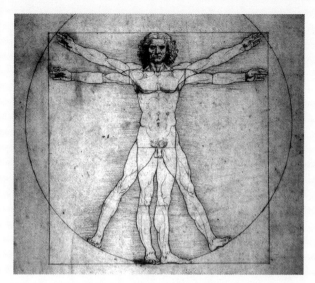

신체 사이즈는 손가락의 함수?

레오나르도 다빈치의 그림이다.

아랫부분을 자세히 보면 눈금이 있다.

손가락 4개가 모이면 손바닥이 된다.

손바닥 6개가 모이면 큐빗이 된다.

큐빗 4개가 모이면 사람의 키가 된다.

각 신체의 사이즈를 손가락 두께의 함수로 보았다.

GDP는 자본, 노동 그리고 두 가지 모두를
얼마나 생산적으로 사용하는지의 함수다.

GDP is a function of capital,
labour and how productively you use both.

—

경제학자 기타 고피나트(Gita Gopinath, 1971~)

>

　사회에서는 일정한 나이가 되거나 자격을 갖추면 주민등록
증이나 자격증을 부여한다. 모든 사람에게 고유한 번호를 부여한
다. 한 사람에게 두 개의 번호를 준다거나, 서로 다른 사람에게 같
은 번호를 부여해서는 안 된다. 각 사람에게 고유한 번호를 하나
씩 할당한다. 함수와 같은 조건을 만족해야 한다.

　물건에 고유 번호를 부여한다거나, 물건에 가격을 매긴다거
나, 어떤 곳에 좌표를 부여하는 것처럼 숫자를 부여하는 제도 역
시 함수다. 해당 물건이나 대상마다 고유한 숫자를 빠짐없이 부
여해야 한다. 자격증을 부여하는 프로그램, 고유한 번호를 부여
하는 프로그램은 모두 함수다. 사회에는 함수 역할을 하는 제도
나 시스템, 프로그램이 가득하다.

리모컨, 함수다
각 버튼마다 고유한 역할이 있다.
누르면 그에 맞는 기능을 발휘한다.
기능은 버튼의 함수다.

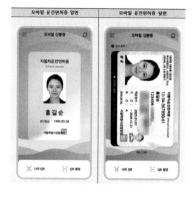

운전면허증제도, 함수다
각 사람에게 고유한 번호를 부여한다.
그 제도나 시스템은 완벽한 함수 역할을
한다. (출처: 행정안전부)

1인 1표 선거제도, 함수다
선거제도는 시민들로 하여금 후보자를
선출하도록 한다. 1인 1표 제도에서
모든 사람은 한 명에게만 투표한다.
함수의 조건과 똑같다.
(출처: 중앙선거관리위원회)

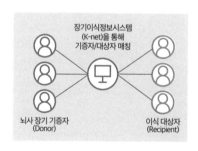

매칭 프로그램, 함수다
장기 기증자와 이식 대상자를 연결해주는
프로그램이다. 하나의 장기를 하나의
사람과 연결한다. 함수다.

$>$

현실에는 해결해야 할 문제가 많다. 그럴 때 함수는 매우 유용하다. 함수 역할을 하는 프로그램을 설계하면 각각의 경우를 개별적으로 다룰 필요가 없다. 함수인 프로그램을 통해 모든 경우를 일괄적으로 해결해버린다.

현실에는 이해해야 할 현상도 많다. 그 현상의 원인이나 성질, 특징을 포착하는 데 함수는 역시 효과적이다. 수식으로 표현하거나 그래프로 그리면 그 현상이 이해돼버린다. 그 현상의 원인이 무엇인지, 어떻게 영향을 주고받는지 한눈에 파악할 수 있다.

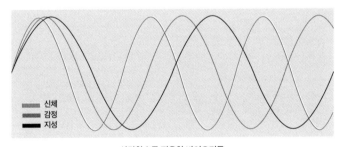

삼각함수를 적용한 바이오리듬
한때 꽤나 유행했던 유사과학이다. 신체, 감성, 지성을 주기가 있는 사인함수로 표현했다.
그 주기는 23일, 28일, 33일로 서로소다. 생체리듬과는 다르다.

주택용전력(저압, 하계)			
기본요금 (원/호)		전력량요금 (원/kWh)	
300kWh 이하 사용	910	처음 350kWh까지	93.2
301~450kWh 사용	1,600	다음 150kWh까지	187.8
450kWh 초과 사용	7,300	450kWh 초과	280.5

전력요금 함수

전력요금은 장소와 사용한 전력량에 따라 부과된다.
300kwh 이하에서 전력요금은 y=93.2x+910이다. x는 사용한 전력량이다. 일차함수 관계에 있다.
어떤 사용자에 대해서도 전력요금을 정확히 책정할 수 있다. (출처: 한국전력공사)

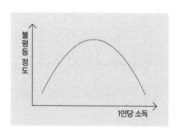

쿠즈네츠 함수

1인당 소득이 높아질수록, 사회적 불평등이
심해지다가 완화된다는 주장이다.
이차함수 형태를 띤다. 노벨경제학상을
수상한 쿠즈네츠의 이론이다. 타당하지 않다는
비판도 받고 있다.

안정적인 커플을 만들어주는 수학

짝짓기 프로그램이 인기다. 참여자가 만족할
만한 일대일 매칭 알고리즘이 있을까?
게일-셰플리 알고리즘이 있다.
안정적인 함수를 만들어 노벨상을 수상했다.
병원, 학교, 데이팅 앱 등에서 활용된다. 함수다.

만약 여러분이 연속성을 가정한다면,

여러분은 잘 갖춰진 수학적 도구상자를 열 수 있다.

거기에는 연속함수들, 미분 방정식들, 지난 2세기 동안의

(그리고 예측 가능한 미래의) 공학과 물리학의 톱과 망치가 담겨 있다.

If you assume continuity, you can open the well-stocked mathematical

toolkit of continuous functions and differential equations, the saws and

hammers of engineering and physics for the past two centuries

(and the foreseeable future).

—

수학자 브누아 망델브로(Benoit Mandelbrot, 1924~2010)

15

함수 이전의
수학을,
함수 이후의
수학으로

함수라는 말은 17세기에 등장했다. 그리 오래되지 않은, 근대 수학의 성과다. 함수의 등장은 미분과 적분의 등장과 맞물려 있다. 근대 수학 최대의 성과라는 미분과 적분은 함수를 토대로 한 수학이다. 함수는, 함수 이전의 수학을 한 차원 높은 수학으로 바꾸었다.

>

함수는 중학수학에서 처음 등장한다. 정비례와 반비례, 일차함수와 이차함수를 주로 다룬다. 여기서의 함수는 수식으로 표현되는 함수다. 함수의 정의도 변수 x와 변수 y의 관계로 설명된다. 다뤄지는 함수는 그리 어렵지 않고 기본적인 것들이다. 함수는 수학의 여러 분야 중 하나다.

고등수학에서 함수의 비중은 확 높아진다. 함수는 집합의 개념으로 설명된다. 합성함수나 역함수 같은 함수의 연산도 다룬다. 유리함수, 무리함수, 지수함수, 로그함수, 삼각함수 등 함수도 많다. 함수는 미분과 적분으로 연결된다. 각 함수를 미분하고 적분하는 법을 상세히 다룬다. 기하나 확률, 통계에서도 함수와 관련된 게 있다. 함수는 분량이나 비중이 높다.

함수,
미적분과 함께 등장했다

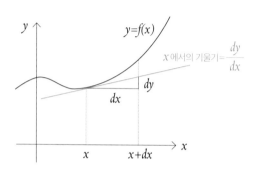

1673년에 수학자 라이프니츠는 함수라는 말을 처음 언급했다. 어떤 곡선이 있다고 하자. 라이프니츠는 각 점에서의 기울기 값을 함수라고 했다. 각 점의 x좌표에 대한 기울기의 값을 함수로 봤다.

본래 기울기란, y의 증가량을 x의 증가량으로 나눈 값이다. 서로 다른 두 점을 대상으로 한 값이다. 각 점에서의 기울기란, 증가량 Δx를 0에 가까울 정도의 작은 크기로 삼을 때의 값이다. 0에 가까울 정도의 작은 크기를 뜻하는 문자인 d를 사용하면, 각 점에서의 기울기는 $\dfrac{dy}{dx}$ 이다. 라이프니츠는 x에 대한 $\dfrac{dy}{dx}$ 의 값을 함수라고 했다.

라이프니츠가 함수라고 말한 것은 지금의 '도함수'에 해당한다. 도함수란, 어떤 함수 $f(x)$를 미분했을 때의 함수인 $f'(x)$를 말한다. 각 점에서의 기울기를 알려주는 함수다. 지금 도함수는 함수 중 하나이지 함수 자체는 아니다. 라이프니츠가 언급했던 함수는 지금의 함수와 달랐다. 라이프니츠 이후 함수의 개념은 달라졌다. 함수는 주로 x를 포함한 수식인 함수식을 의미했다.

도함수인 $f'(x)$는 함수 $f(x)$를 미분해서 만든 식이다. $f(x)$로부터 이끌어낸다. 그래서 도함수(導函數)다. '도(導)'는 '이끌다, 인도하다'는 뜻이다. 함수 $f(x)$로부터 이끌어낸 식이라는 뜻이다.

함수는 미분 그리고 적분의 발전과 함께 등장했다. 미적분이 탄생하고 정립되면서 함수의 개념이나 조건도 다듬어졌다. 함수라는 개념이 명확해야 미적분의 개념이나 조건도 명확할 수 있었다. 미적분은 현상의 변화를 다룰 수 있는 마법 같은 수학이다. 수학의 대상이나 수학적 사고의 폭을 확 넓혔다. 그런 역사적인 변화에 함수가 함께했다.

미적분은 요즘에도 학교 수학에서 정점을 차지한다. 그 미적분에서 뗄 수 없는 게 함수이기에, 함수 역시 수학 공부에서 비중이 높을 수밖에 없다.

함수 개념은 수학 수업의 중심 개념이 되어야 하며,

자연적 결과로서 미적분의 요소들은

모든 9개 학급 학교의 커리큘럼에 포함되어야 한다.

The function concept should be the central notion of mathematical

teaching and that, as a natural consequence, the elements of the calculus

should be included in the curricula of all nine-class schools.

—

수학자 펠릭스 클라인(Felix Christian Klein, 1849~1925)

>

함수는 어느 한 사건이나 현상만을 다루지 않는다. 그래프 위의 어느 한 점만이 함수의 대상인 것은 아니다. 대상이 되는 모든 x에 대한 변화를 다룬다. 특정한 수나 연산이 어느 한 점이나 사건만을 다룬다면, 함수는 대상 전체를 다룬다. 그래서 함수는 관심의 대상이 될 수밖에 없다. 함수를 안다는 것은, 해당되는 모든 대상의 변화를 안다는 것이다.

특정 현상만을 알고자 하는 사람이 어디 있겠는가? 할 수만 있다면 일부가 아닌 전체를 알고 싶지 않겠는가! 대상 전체의 변화에 대한 지식, 그것이 곧 함수다. 함수 외의 수학에서도 함수를 빌려 아이디어를 표현하는 게 일반화되었다. 공식이라고 불리는 것들은 모두 함수다.

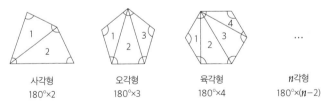

사각형	오각형	육각형	n각형
180°×2	180°×3	180°×4	180°×(n−2)

n각형의 내각의 합 공식, 함수다 n각형은 (n-2)개의 삼각형으로 이뤄졌다. 고로 n각형의 내각의 합은 180°×(n-2)이다. x각형의 내각의 합을 y라 하면, y=180°(x-2)이다. 일차함수다.

$$(a+b)^2 = a^2 + 2ab + b^2$$
$$(a-b)^2 = a^2 - 2ab + b^2$$

$$a^2 - b^2 = (a+b)(a-b)$$
$$x^2 + (a+b)x + ab = (x+b)(x-b)$$

곱셈공식과 인수분해공식, 함수다 곱셈공식이나 인수분해공식은, 좌변의 식을 우변의 식으로 바꿔준다. 좌변의 식을 우변의 식에 대응시켜주는 함수다.

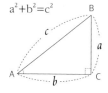

$$a^2 + b^2 = c^2$$

피타고라스의 정리도, 함수다 직각삼각형에서 변의 길이 관계를 다룬 공식이다. 어떤 (a, b)에 대해서도 c라는 유일한 값을 대응시켜준다. (3, 4)에는 5를, (5, 12)에는 13을 대응시켜주는 함수다.

$$1, 4, 7, 10, 13, \cdots$$
$$\text{일반항 } a_n = 3n - 2$$

$$2, 6, 18, 54, 162, \cdots$$
$$\text{일반항 } a_n = 2 \cdot 3^{n-1}$$

등차수열은 일차함수, 등비수열은 지수함수다 등차수열은 일정한 크기만큼 더해가니까, 일차함수다. 등비수열은 일정한 크기만큼 곱해가므로, 지수함수다. 일반항 a_n은 n번째 항의 수가 무엇인지를 표현한 식이다. 일반항은 n을 특정 크기의 수에 대응시키는 함수다.

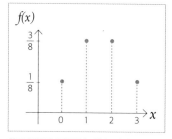

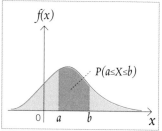

확률질량함수와 확률밀도함수 각각의 경우마다 확률이 얼마인지를 보여주는 그래프다. 아예 함수라는 말을 품고 있다. 어느 경우인지가 x, 그때의 확률이 y인 함수다. 주사위처럼 셀 수 있는 사건일 경우는 확률질량함수, 버스 대기시간처럼 연속인 사건일 경우는 확률밀도함수라고 한다.

>

함수에 대한 관심은 자연스럽게 새로운 함수를 등장시켰다. 그런 함수들은 수학적 아이디어를 간단명료하게 표현해줬다. 길고 지루하게 말할 것 없다. 함수식만 제시해주면 끝이다.

소수계량함수는, 어떤 자연수보다 같거나 작은 소수의 개수를 나타내는 함수다. 기호로는 $\pi(x)$라고 한다. $\pi(x)$는 x보다 같거나 작은 소수의 개수다. 10보다 같거나 작은 소수는 2, 3, 5, 7 모두 네 개다. 고로 $\pi(10)=4$다. x의 변화에 따른 $\pi(x)$의 값을 점으로 찍으면 $\pi(x)$의 그래프가 된다.

아마도 수학자들이 가장 찾고 싶어 하는 함수 중 하나는, 소수를 생성해내는 함수일 것이다. 1을 집어넣으면 첫 번째 소수가, 10을 집어넣으면 10번째 소수가 무엇인지를 알려주는 함수다. 그런 함수는 아직 비슷하게도 등장하지 않았다. $f(x)=f(x)=x^2+x+41$, $f(x)=x^2+x+17$, $f(x)=x^2-79x+160117$ 같은 식이 제시되었으나 소수 근처에도 접근하지 못했다. 소수생성함수는 수학자들의 성배와 같다.

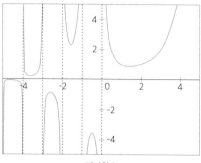

감마함수

팩토리얼(!)을 확장한 함수다. 팩토리얼은 원래 자연수에서만 정의되었다.
n 이하 자연수를 모두 곱한 값이 n!이다. 수의 범위를 소수나 음수까지 확장한 게 감마함수다.

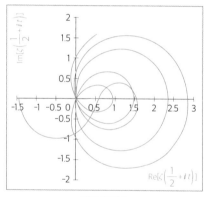

리만제타함수

이 함수는 소수정리를 증명하기 위해 리만이 도입한 가설에 등장했다.
리만 가설이 수학에서 중요해지면서 더불어 유명해졌다.
위 그래프는 특별한 경우일 때의 모양이다.

라마누잔 함수에서 24가지 모드 각각은 끈의 물리적 진동에 해당한다. 분할과 재결합을 통해 끈이 시공간에서 복잡한 움직임을 실행할 때마다, 많은 수의 정교한 수학적 항등식을 만족시켜야 한다. 이것들은 라마누잔에 의해 발견된 정확한 수학적 항등식이다.

Each of the 24 modes in the Ramanujan function corresponds to a physical vibration of a string. Whenever the string executes its complex motions in space-time by splitting and recombining, a large number of highly sophisticated mathematical identities must be satisfied. These are precisely the mathematical identities discovered by Ramanujan.

—

물리학자 미치오 카쿠(Michio Kaku, 1947~)

기이한 함수를
발견하다

대부분의 함수는 그래프가 연속한다. 값들이 끊어지지 않고 쭉 이어진다. 완전히 연속이 아니더라도 특정 점에서만 그래프가 끊어져 있다. 그래프가 계단 모양이어서 계단함수로도 불리는 가우스함수 y=[x] 같은 경우가 그렇다. [x]는 x를 넘지 않는 최대 정수를 말한다. 정수인 경우만 그래프가 끊어져 있다.

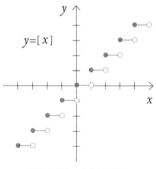

가우스 함수 y=[x]의 그래프

함수의 그래프는 대부분 특정 점에서만 끊어져 있거나, 모든 점에서 연속이다. 미분도 가능하고 적분도 가능하다. 그래서 수식으로 표현되는 함수들은 모두 그렇다고 생각했다. 그런데 수식으로 표현되는 함수이면서 성질이 다른 함수들이 발견되었다. 그중 유명한 함수 두 개를 보자.

① 디리클레 함수

$$f(x) = \begin{cases} 1 \ (x \text{는 유리수}) \\ 0 \ (x \text{는 무리수}) \end{cases}$$

② 바이어슈트라스 함수

$$f(x) = \sum_{n=0}^{\infty} a^n \cos(b^n \pi x)$$

발견한 수학자의 이름을 딴 함수들이다. ①은 모든 점에서 불연속이다. x의 범위가 실수 전체인데도 불연속이다. 그래프마저 정확하게 그려지지 않는다. ②는 모든 점에서 연속이지만 모든 점에서 미분이 안 된다. ②의 그래프는 아래처럼 프랙털 도형의 특성을 보인다. 뾰족뾰족한 모양이 부분과 전체에서 반복된다.

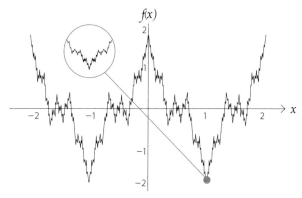

바이어슈트라스 함수의 그래프

기이하고 병리적인 함수까지 등장하면서 함수의 개념은 확장되어야 했다. 수식을 기반으로 한 개념은 한계가 있었다. 기존의 함수와는 다른 함수를 모두 담아낼 수 없었다. 함수의 개념을 다시 정의해야 했다. 그렇게 해서 집합 사이의 대응 관계라는 함수 개념이 등장했다. 고등수학에서 등장하는 함수의 개념이다.

수학하면 가장 먼저 떠오르는 모습은 문제 풀이다. 수학에서의 모든 활동은 문제로 공식화되고, 그 문제에 대한 해답을 찾기 위한 활동으로 채워진다. 문제가 출현하면, 이어서 답이 뒤따른다. 수학은 오늘도 새로운 문제를 찾아, 아직 제시되지 않은 해답을 찾아 여기저기를 누빈다.

문제에 대해 답을 제시하는 활동을 수학이라고 한다면, 수학 자체는 함수인 셈이다. 수학이 하는 일이란, 문제를 답에 대응시키는 것이다. 수학에서 정답은 오직 하나다. 같은 문제에 대해 서로 다른 정답이 존재할 수는 없다. 같은 정답에 이르는 다양한 방법이 있을지언정, 정답 자체가 다양한 경우는 없다. 그러면 논리에 맞지 않아서 수학에서 탈락한다.

수학은 문제 하나에 답 하나를 대응시키므로 함수다. 많은 분야와 이론, 방법 등이 정교하게 결합된 거대한 함수다. 모든 문제에 대해 답을 제시하는 수학의 역할을 문제화시킨 일이 있다. 20세기 초에 제기되어 주목을 끈 '결정문제'다.

결정문제란, 어떤 문제가 제시되더라도 참인지 거짓인지를 결정할 수 있는 알고리즘이 있는가를 밝혀내는 것이다. 수학의 궁극적인 역할을 대신해주는 그런 알고리즘이 있는가를 알아내고자 했다. 그런 알고리즘은 문제를 답에 대응시키는 함수와 같았다. 그런 알고리즘 혹은 그런 함수는 존재하지 않는다는 게 밝혀졌다.

수학은 함수다. 문제를 답에 대응시킨다. 모든 문제를 다 풀어내는 건 아니기에, 완전한 함수라고는 할 수 없다. 하지만 수학의 꿈은 완전한 함수가 되는 것이다. 그 꿈은 여전히 진행 중이다.

자연이 상대적으로 낮은 차수의 수학적 함수로 표현될 수 있다는
것은 실로 놀랍고 다행스러운 사실이다.

It is indeed a surprising and fortunate fact that nature can be expressed
by relatively low-order mathematical functions.

—

철학자 루돌프 카르나프(Rudolf Carnap, 1891~1970)

16

함수,
과학다운 과학을
만들다

과학은 함수를 즐겨 사용한다. 함수를 사용하면서 우리에게 익숙한 과학의 모습이 만들어졌다. 과학은 만물의 질서 또는 법칙을 탐한다. 과학의 그 이상을 구현하는 데 함수는 딱 맞는 수단이다. 함수를 만나 과학은 과학이 되었고, 과학을 만나 함수는 널리 응용되었다.

>

물은 위에서 아래로 흐른다. 공중으로 던진 공은 다시금 땅
으로 떨어진다. 공기 중의 수증기는 때가 되면 빗물이 되어 지상
으로 되돌아온다. 빨갛게 잘 익은 사과는 툭 하고 땅으로 떨어진
다. 과학은 이렇듯 구체적이고 실제적인 현상을 다룬다. 하지만
그 현상들을 모두 아우르는 보편적인 법칙이나 패턴으로 관심이
향한다.

과학은 만물의 변화를 다룬다. 그런 변화가 왜 어떻게 일어
나는지를 설명한다. 이런 과학에 함수는 제격이다. 변화의 원인
과 규칙을 표현하는 데 가장 적절한 언어가 함수다.

함수는 대상 전체를 다룬다. 모든 원소가 어떻게 달라지는지
를 정확하게 알려준다. 그 원소를 과학이 다루는 물질이나 현상
이라고 생각해보라. 함수를 통해 만물의 변화를 다룰 수 있게 된
다. 관점이나 표현 방식 면에서 함수는 과학과 죽이 잘 맞는다.
과학은 함수를 만나면서 과학다운 모습을 갖췄다. 그 시작은 뉴
턴 역학이다.

뉴턴 역학, 함수를
과학에 도입했다

〈

코페르니쿠스, 갈릴레이, 케플러, 데카르트, 뉴턴. 17세기를 대표하는 서양의 과학자들이다. 그들의 활동 결과 형성된 과학이 뉴턴 역학이다. 뉴턴이 종합적인 역할을 했다 하여 뉴턴 역학이라고 부른다.

물체의 운동을 발생시키는 요인은 힘이다. 그 힘 중의 하나인 만유인력은, 질량을 가진 두 물체 사이에서 발생한다. 물체에 힘이 가해지면 물체의 속도가 변한다. 그 속도의 변화량이 가속도다. 힘을 가하면 가속도가 발생하는데, 힘과 가속도는 비례 관계에 있다. 힘이 세지면, 가속도의 크기 또한 커진다.

한편 힘의 크기가 일정할 때, 즉 가속도의 크기가 일정할 때이동거리나 속도는 시간에 따라 달라진다. 시간이 얼마나 지났는지 알면 이동거리와 속도를 계산해낼 수 있다. 이동거리와 속도는 시간의 함수다.

가해지는 힘의 크기가 달라지더라도 물체의 위치가 시간에 따라 어떻게 달라지는지를 나타내주면 된다. 위치를 시간에 대한함수로 나타내는 것이다. 그 데이터를 통해 속도와 가속도를 구한다. 속도는 시간에 따른 위치의 변화량이고, 가속도는 시간에 따른 속도의 변화량이다. 이 과정에서 미분이 적용된다.

뉴턴 역학은 운동법칙을 공식, 즉 함수로 표현했다. 함수를 통해 두 현상이 어떤 관계에 있는지를 구체적이고 정확하게 보여준다.

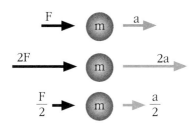

가속도는, 힘의 (정비례) 함수다
$a = \dfrac{f}{m}$, 뉴턴의 유명한 법칙이다. 물체의 질량은 고정되어 있으므로,
가속도는 힘의 크기에 정비례한다. 가속도는 힘을 변수로 하는 일차함수다.

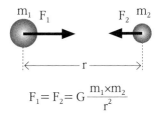

$$F_1 = F_2 = G \, \frac{m_1 \times m_2}{r^2}$$

만유인력은, 거리 제곱의 (반비례) 함수다
물체의 질량은 정해져 있는 상수다. 두 물체의 거리가 변수다.
만유인력은 두 물체의 거리 제곱에 반비례하는 함수다. $F \propto \dfrac{1}{r^2}$

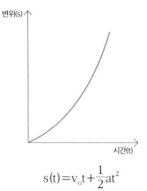

$$s(t) = v_o t + \frac{1}{2} a t^2$$

이동거리는, 시간의 (이차)함수다

등가속도 운동에서 이동거리(s)는 시간(t)에 따라 달라진다.
이동거리는 시간에 대한 이차함수다. 고로 그래프는 포물선이다.

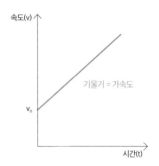

$$v(t) = v_o + at$$

속도는, 시간의 (일차)함수다

등가속도 운동에서 속도 역시 시간의 함수다.
단 속도는 시간에 대한 일차함수다. 그래프는 직선이다.

4부_ 함수, 어디에 써먹을까?

양자주의함수는 이론 물리학의 수학에 깊이 기반을 두고 있으며,
매우 작은 세계와 매우 큰 세계를 깊이 관통한다.
Quantum attention function is deeply grounded on the mathematics of
theoretical physics and penetrates deeply the world of the very small
and the world of the very big.

—

작가 아미트 레이(Amit Ray, 1960~)

함수, 인과관계의
과학을 만들다

현상과 현상이 함수 형태로 표현되면서, 인과관계가 명확해졌다. y=f(x)로 표현되는 함수에서 x는 원인이고, y는 결과다. 결과 y는 원인인 x의 함수다. 함수식과 함수의 그래프를 보면 원인과 결과가 어떤 관계를 맺고 있는가를 한눈에 파악할 수 있다.

과학이 함수를 도입하면서 법칙은 인과관계의 형태로 표현되었다. 어떤 게 원인이고 결과인지, 원인과 결과가 어떤 관계를 보이는지를 함수는 명확히 보여주었다. 함수를 통해 과학의 익숙한 모습인 인과관계의 과학이 정립되었다.

법칙이나 규칙이 함수로 표현되자, 인간의 세계관에도 변화가 일어났다. 어느 혜성의 위치에 관한 함수식을 안다고 해보라. 그 함수식의 변수는 시각 t다. 그러면 그 혜성이 이전에는 어디에 있었는지, 앞으로는 어디에 있을지 정확히 짚어낼 수 있다. 함수식에 t값만 대입하면 된다. 방에 처박혀 있으면서도 우주의 시작부터 끝까지를 훤히 들여다본다(그런 사례는 많다).

함수가 과학에 도입되면서 인과관계는 명확해졌다. 함수식만 알아낸다면 모든 변화는 예측 가능해졌다. 변화의 방향과 양상이 결정되어 있다는 결정론적 세계관의 등장에 한몫했다. 많은 함수가 등장했고, 함수를 토대로 한 이론이나 기술도 잇따랐다.

별의 겉보기 등급: 로그함수 활용
별의 겉보기 등급을 여섯 개로 나눴다. 등급을 정하는 공식에 로그함수가 포함된다.
1등급 높으면 2.5배 밝다. 1등성은 6등성보다 100배 밝다.

리히터 규모별 지진의 영향	
0~1.9	지진계로만 탐지할 수 있으며, 대부분의 사람이 진동을 느끼지 못함
2~2.9	대부분의 사람이 느끼며, 창문이나 전등과 같은 매달린 물체가 흔들림
3~3.9	대형 트럭이 지나갈 때의 진동과 비슷, 일부 사람은 놀라 건물 밖으로 나옴
4~4.9	집이 크게 흔들리고 창문이 파손됨. 작고 불안정한 위치의 물체들이 떨어짐
5~5.9	서 있기가 곤란해지고 가구들이 움직이며 내벽의 내장재가 떨어짐
6~6.9	제대로 지어진 구조물에도 피해가 발생하며, 빈약한 건조물은 큰 피해를 입음
7~7.9	지표면에 균열이 발생하며 건물 기초가 파괴됨. 돌담, 축대 등이 파손됨
8~8.9	교량 같은 대형 구조물도 대부분 파괴됨. 산사태가 발생할 수 있음
9~9.9	건물들의 전면적 파괴, 철로가 휘고 지면에 단층 현상이 발생함

리히터 규모: 로그함수 활용
지진의 강도를 나타낸다. 공식에 로그함수가 포함되어 있다. 수가 1 커질 때, 강도는 32배 커진다.
데이터의 단위가 너무 클 때 로그함수를 활용해 단위를 줄여 사용한다.
(출처: https://www.hani.co.kr/arti/PRINT/468117.html)

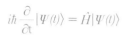

$$t = \frac{t_0}{\sqrt{1-\left(\frac{v}{c}\right)^2}}$$

시간 지연 효과의 함수식
특수상대성이론의 메시지 중 하나다.
v의 속도로 운동하고 있는 곳의 시간 t는
관찰하고 있는 곳에서의 시간 t_0에 비해
수식만큼 길어진다. 시간 t는 v의 함수다.

$$i\hbar \frac{\partial}{\partial t}|\Psi(t)\rangle = \hat{H}|\Psi(t)\rangle$$

파동함수 ψ, 확률밀도함수다
양자역학에서 등장하는 미분이 적용된
방정식이다. 파동함수 ψ는 양자역학적 계의
상태를 알려준다. 파동함수의 절댓값의 제곱
$|\psi|^2$은 입자가 발견될 확률이라고 해석된다.
변수가 연속인 확률밀도함수다.

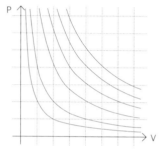

보일 샤를의 법칙: 반비례함수
온도가 일정할 때
압력과 부피의 곱은 일정하다.
PV=K. 압력과 부피는
반비례함수관계에 있다.

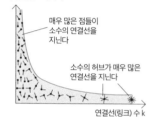

연결선 k개를
지니는 점(노드)의 수

매우 많은 점들이
소수의 연결선을
지닌다

소수의 허브가 매우 많은
연결선을 지닌다

연결선(링크) 수 k

네트워크의 분포: 지수함수
네트워크에서는 연결선이 아주 많은 소수와
연결선이 적은 다수가 존재한다.
그 분포가 지수함수 $y=a^{-x}$ 형태다.
지수가 음수다.

데이터 압축에는 삼각함수를!
이미지 처리 시험용 샘플로 주로 사용되어,
'인터넷 영부인'이라는 별명이 붙은 '레나'다.
데이터 압축에는 '푸리에 변환'이 사용된다.
데이터를 신호처럼 주파수와 진폭으로 변환
한다. 주기함수인 삼각함수가 활용된다.
데이터를 삼각함수의 합으로 치환한다.

4부_ 함수, 어디에 써먹을까?

물리적 실체는 우주 전체의 파동함수로 가정된다.

The physical reality is assumed to be the wave function
of the whole universe itself.

—

배우 휴 잭맨(Hugh Jackman, 1968~)

5부

인공지능 시대의
함수

17

컴퓨터는
함수 상자다

컴퓨터를 함수라는 관점에서 해석해보자. 함수라는 안경을 끼고 봐서일까? 컴퓨터와 함수는 무척 닮아 있다. 컴퓨터는 함수와 비슷한 역할을 할 뿐만 아니라, 컴퓨터 자체가 함수처럼 보이기도 한다. 거시적 관점에서 컴퓨터와 함수를 비교해보자.

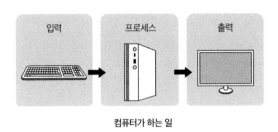

컴퓨터가 하는 일

  컴퓨터의 기본 메커니즘이다. 컴퓨터는 데이터를 입력받으면, 그 데이터를 처리하여 출력한다. a라는 키보드를 누르면 모니터에 a가 출력된다. 스피커 볼륨 키보드를 누르면 볼륨이 켜지기도 하고 꺼지기도 한다. 엔터키를 누르면 원하는 단어와 관련된 검색 정보가 좌르륵 제공된다.

  컴퓨터는 데이터를 입력받아, 연산 결과를 출력한다. 각 입력마다 고유한 결과가 출력된다. 입력은 연산 과정을 통해 출력과 대응한다. 컴퓨터 자체가 입력을 출력에 대응시키는 함수 역할을 한다. 입력했는데 아무런 반응이 없다면 그건 고장 난 컴퓨터다. 온전한 컴퓨터라면, 입력 하나에 출력도 하나다.

게다가 컴퓨터는 꼭 상자 같다. 컴퓨터의 몸체나 키보드, 모니터는 대부분 네모난 상자 모양이다. 그런데 상자는 함수를 비유하는 이미지다. 역할을 보나 모양을 보나 컴퓨터는 함수와 비슷하다. 컴퓨터는 입력과 출력을 대응시키는 함수 상자다. 특정한 문제를 그 문제에 대한 솔루션에 대응시키고, 사용자의 요청을 그 요청에 해당하는 응답에 대응시킨다.

>

    0과 1의 비가 키보드 위로 쏟아진다. 키보드를 통해 입력되는 모든 정보가, 0과 1의 수열로 치환되는 것을 보여주는 것 같다. a는 1111, b는 1101과 같이 서로 다른 정보는 서로 다른 수열로 표현된다. 입력이 다르면 쏟아지는 수열도 다르다. 입력과 출력이 하나씩 대응한다. 함수관계에 있다.

    거대한 함수 역할을 하기 위해서 컴퓨터는 입력된 모든 데이터를 수로 바꾼다. 알파벳이든, 단어나 문장이든, 이미지나 동영상이든 가리지 않는다. 컴퓨터는 입력 데이터나 정보를 0과 1의 고유한 수열로 바꾸는 함수다.

컴퓨터는 연산 기계다. 연산은 2+3=5처럼 수와 기호를 결합하여 하나의 수를 산출해낸다. 2+3=5라는 연산은 (2, +, 3)을 5와 대응시킨다. 그 대응은 유일하다. 수나 기호가 달라지면 대응되는 수도 달라진다. 연산의 규칙 역시도 함수다. 연산의 규칙은, 입력된 수와 기호를 하나의 수에 대응시키는 함수의 규칙에 해당한다.

연산 기계인 컴퓨터가 줄곧 다루는 것은 수다. 수로 입력된 데이터들을 연산 처리한다. 수와 수들을 결합해, 새로운 수를 만들어낸다. 이런 연산 과정은 원하는 답이 나올 때까지 길게 이어진다. 수는 끊임없이 다른 수로 바뀐다. 그렇게 해서 얻어진 마지막 수가 연산의 최종 결과물이다. 그 수는 사람들이 알아볼 수 있는 글, 그림, 동영상 등으로 치환된다. 컴퓨터의 연산은 수를 다른 수로 연달아 바꾸는 함수다.

모션 캡처, 함수의 연속이다

모션 캡처 기술을 보여주는 장면이다.

몸 곳곳에 센서를 부착한 상태로 움직인다.

움직일 때마다 센서의 위치 데이터가 저장된다.

센서의 위치 데이터는 매 시각 달라진다.

함수에 의한 대응처럼 변한다.

그 데이터들을 활용해 가상의 물체가 사람처럼

자연스럽게 움직이도록 만든다.

—

출처: https://www.seamedu.com/blog/is-vfx-and-animation-a-good-field-
to-enter-after-12th-in-india/

엑셀(Excel)은 이미지 문제를 겪고 있다. 대부분의 사람은 엑셀 같은 스프레드시트 프로그램이 회계사, 분석가, 금융가, 과학자, 수학자, 그리고 다른 괴짜들을 위한 것이라고 추측한다. 스프레드시트를 만들고, 데이터를 정렬하고, 함수를 사용하고, 차트를 만드는 것은 힘들어 보여 괴짜들에게 맡기는 게 최선이라고 생각한다.

Excel suffers from an image problem. Most people assume that spreadsheet programs such as Excel are intended for accountants, analysts, financiers, scientists, mathematicians, and other geeky types. Creating a spreadsheet, sorting data, using functions, and making charts seems daunting, and best left to the nerds.

—

작가 이언 러몬트(Ian Lamont)

컴퓨터는 다양한 프로그램을 통해 기능을 발휘한다. 인터넷 공간으로 인도하는 프로그램, 이미지를 만들고 보정하는 프로그램, 음악을 들려주는 프로그램, 문서를 작성하도록 도와주는 프로그램, 친구와 메시지를 주고받을 수 있게 해주는 프로그램 등 다양하다. 사용자는 원하는 프로그램을 실행시켜 작업을 진행한다.

프로그램은 사용자의 입력 데이터에 반응하도록 작성되어 있다. 게임 프로그램인 '캔디크러쉬사가'를 보자. 게임 참여자의 손끝을 따라서 반응한다. 그곳과 그 옆의 캔디를 바꾸면, 그 움직임에 맞게 캔디 이미지를 바꾼다. 그 결과에 따라 캔디가 사라진다. 캔디 제거에 실패하면 게임은 종료된다.

프로그램은 함수다
프로그램은 완벽한 함수처럼 작동해야 한다.
프로그래밍은 완벽한 함수를 설계하는
과정이다. 완벽한 프로그램은 완벽한
함수처럼 모든 입력에 대해 출력을
하나씩 대응시킨다.

프로그래밍은, 발생 가능한 모든 경우에 반응하도록 프로그램을 설계하는 것이다. 완벽한 프로그램은, 아무런 오류나 문제를 일으키지 않는다. 뭔가를 입력하면 언제나 약속된 반응을 보인다. 어떤 입력도 빼먹지 않고, 고유한 방식으로 반응한다. 완벽한 프로그램은, 완벽한 함수와 같다. 프로그램은, 컴퓨터라는 거대한 함수 안에 자리 잡은 또 다른 함수다. 함수 안의 함수다.

프로그램에 오류가 있다는 것은 특정 입력을 처리하지 못한다거나, 특정 입력에 대한 반응이 유일하지 않은 것이다. 대응하지 않는 원소가 있다거나, 원소 하나가 여러 원소에 대응하는 셈이다. 함수로서 자격 미달인 상태다. 그럴 때 버그가 발생했다고 한다. 버그를 잡는다는 것은, 완벽한 함수를 만들기 위해 오류를 수정하는 것이다.

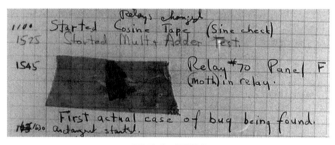

최초의 버그가 잡혔다
First actual case of bug being found(실제로 발견된 버그의 첫 번째 사례).
1947년에 프로그래머인 그레이스 호퍼는 오작동을 일으킨 요인을 잡았다. 진짜 나방(bug)이었다.
버그는 프로그램의 오류다. 불완전한 함수라는 증거다.

5부_ 인공지능 시대의 함수

>

　현대사회는 컴퓨터의 시대다. 휴대폰도 자동차도 컴퓨터가 되어가고 있다. 컴퓨터가 모든 활동의 수단이자 매개체 역할을 한다. 사람들은 컴퓨터를 통해 다른 사람들과 소통한다. 정보를 주고받는다. 영화를 보고, 음악을 들으며 문화를 향유한다. 물건을 사고파는 상거래와 상거래의 필수 수단인 결제 시스템도 컴퓨터를 통해 이뤄진다.

　함수 상자인 컴퓨터가 일상이 되어간다. 함수 역할을 톡톡히 해내며 일상을 바꿔가는 프로그램을 통해 컴퓨터가 여기저기 퍼져간다. 알든 모르든 함수로 설명 가능한 일들이 일상에서 많이 벌어진다. 우리의 일상은 함수에 의해 바뀌고 있는 중이다.

　예전에는 중고 물건을 아는 사람끼리 주고받으며 사용했다. 동네 사람끼리, 친척끼리, 친구끼리 알음알음으로 재활용했다. 부분적이고 개별적인 활동이었다. 그런데 지금은 중고 물건을 사고팔 수 있는 앱을 통해 거래가 이뤄진다. 중고품 재활용은 이제 어엿한 시장이 되어 사회의 한 부분을 차지하고 있다. 컴퓨터 그리고 함수 역할을 하는 앱 덕택이다.

앱은 함수의 위력을 제대로 보여준다. 함수나 앱은 특정한 순간과 모습만 바꾸지 않는다. 해당되는 모든 순간과 모습을 바꿔버린다. 함수는 판을 통째로 바꾸고, 시스템을 전부 바꾸고, 구조를 완전히 새로 바꾼다. 그런 함수들이 컴퓨터를 통해 우리의 일상 곳곳에 파고든다. 그런 함수들을 개발해 우리의 일상을 뒤바꾸고자 하는 시도가 이어진다.

먼저 아이디어가 떠오른다.

그런 다음 캐릭터는 그 아이디어의 풍경에서 진화하기 시작한다.

그리고 마지막으로 등장인물이 지배한다.

줄거리는 단순히 이 사람들이 무엇을 하거나 될 수 있는지에 대한

함수이다. 모든 것은 그들의 성격에서 흘러나와야 한다. 그렇지 않

으면 감정적으로 매력적이지 않거나 그럴듯하지 않게 된다.

First comes an idea. Then, characters begin to evolve out of

the landscape of that idea. And then, finally, characters dominate:

plot is simply a function of what these people might do or be.

Everything has to flow from their personalities;

otherwise it will not be emotionally engaging, or plausible.

—

작가 로버트 해리스(Robert Harris, 1957~)

18

함수,
인공지능을
가능하게 한다

인공지능 역시 컴퓨터 프로그램이다. 일상의 문제를 해결하는 데 필요한 지식이나 정보를 얻는 주요 수단이 되었다. 함수와 뗄 수 없는 관계에 있는 컴퓨터이기에, 인공지능 역시 함수와 관계가 깊다. 역할과 구조만이 아니다. 인공지능을 프로그래밍하는 데 많은 함수가 활용된다.

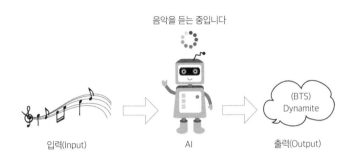

음악을 듣는 중입니다

(BTS)
Dynamite

입력(Input)　　　　　　AI　　　　　　출력(Output)

　　제목을 모르는 음악을 들려주면 인공지능은 잠시 듣고서 노래 제목을 알려준다(종종 틀리기는 하지만). 질문이나 원하는 일을 인공지능에게 입력하면, 그에 따른 답변이나 조치를 출력으로 내놓는다. 새벽에 감성 충만한 음악을 틀어달라면 그럴 법한 음악을 선정해 들려준다. 사진을 찍어 무슨 꽃이냐고 물으면 그 꽃의 이름을 알려준다. 목적지를 입력하면 그 시각 최선의 경로를 선택해 알려준다.

　　인공지능은 입력에 대해 출력을 하나씩 제공한다. 입력에 대해 최선의 출력을 대응시키는 게 인공지능의 역할이다. 함수의 역할을 충실히 수행한다. 어떤 질문을 하더라도 인공지능이 생각하는 최선의 답변을 제공한다('도움을 드리지 못해 죄송합니다'라는 답변도 인공지능이 애용하는 답 중 하나다). 인공지능 역시 함수다.

머신러닝, 최선의 함수를
찾는 과정이다

　함수 역할을 하는 인공지능은, 그 기능에 최적화된 프로그램을 갖고 있다. 그 프로그램이 입력 하나에 출력 하나를 착실하게 대응시킨다. 그 프로그램이 인공지능이라는 함수의 함수식이다. 그 프로그램이 일을 잘 수행할 수 있도록 컴퓨터를 훈련시킨다. 머신러닝이나 딥러닝이 그런 훈련 방법이다.

　머신러닝은 컴퓨터에게 규칙을 먼저 제공하지 않는다. 엄청나게 많은 데이터와 그 데이터에 대한 답만 제공해준다. 그걸 보고서 컴퓨터가 문제와 답 사이의 규칙을 스스로 알아내게끔 한다. 그래서 머신러닝(machine learning), 기계학습이다.

　인공지능이 개와 고양이를 구별하도록 학습을 시킨다고 하자. 개 사진과 고양이 사진을 잔뜩 보여준다. 각 사진과 답을 보

머신러닝

고서, 개와 고양이를 구분하는 규칙을 스스로 찾게 한다. 인공지능은 개와 고양이를 구분하는 규칙을 터득해낸다(그 규칙을 인간은 잘 모른다). 새로운 데이터가 주어지면, 그 규칙에 따라 개인지 고양인지 구분해 답을 알려준다.

　머신러닝의 목적은 인공지능이 규칙을 찾아가도록 훈련시키는 것이다. 규칙을 찾아 문제를 풀 수 있는 모델을 만들어낸다. 그 모델이 문제와 답을 짝지어주는 함수 역할을 한다. 인공지능이 함수라면, 프로그램은 함수식이다. 머신러닝은 최선의 함수를 찾아가는 과정이다.

포켓몬고, 촬영만 하면 위치를 알려준다
증강현실(AR) 게임 포켓몬고는 (일부 지역이지만) 포켓몬이 있는 곳의 이미지를
올리면 어디인지를 센티미터까지 정확히 알려주는 기술을 구현했다.
촬영 데이터에 위치를 대응시키는 함수를 만들었다.
(출처: https://ph.portal-pokemon.com/apps/pokemon_go.html)

만약 당신이 우주의 파동함수를 안다면,

왜 당신은 부자가 아닐까?

If you know the wave function of the universe,

why aren't you rich?

—

물리학자 머리 겔만(Murray Gell-Mann, 1929~2019)

프로그램 속,
함수가 가득하다

<

인공지능을 가능하게 하는 프로그램을 만드는 것이 프로그래밍이다. 프로그래밍의 목적은 원하는 기능을 구현하는 완전한 함수를 만드는 것이다. 발생 가능한 모든 경우를 다룰 수 있고, 각각의 입력에 대해 유일한 출력을 제공하는 함수여야 한다.

완전한 함수를 만들고자 프로그래밍에서는 다양한 함수를 활용한다. 목적지에 가기 위해 중간의 경유지를 거치듯이, 데이터를 연속으로 처리하기 위해 중간에 필요한 함수를 끌어들인다. 단계마다 필요한 함수들이 모여서 주어진 일을 척척 처리해내는 완벽한 함수가 만들어진다.

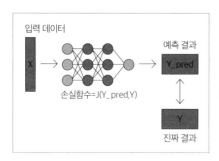

오차를 ㉱치화한 손실함수
손실함수는, 인공지능이 예측해낸 값과 실제 값과의 차이를 수치화한 함수다. 이 함수를 최소화하는 것, 즉 오차를 최소화하는 것이 프로그래밍의 목표다. 그때 인공지능의 수준은 최고가 된다.

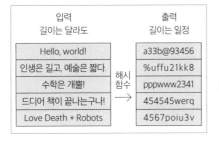

**일정한 길이의 암호로
만들어주는 해시함수**
해시함수는, 서로 다른 길이의
데이터를 일정한 길이의 데이터로
바꿔준다. 서로 다른 데이터는
서로 다른 해시값을 갖는다.
블록체인에 응용되는 함수다.

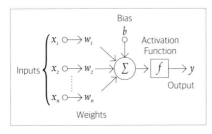

인공신경망의 활성화함수
활성화함수는, 입력 데이터들을
모아 출력 여부를 결정한다.
인공신경망에서 활용된다.
다음 단계에서 활성화될 것인지
여부를 결정한다.
뇌의 뉴런 같은 역할을 한다.

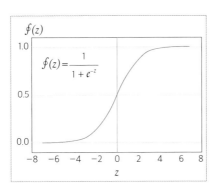

**활성화함수 중 하나인
시그모이드 함수**
활성화함수에는 여러 가지가 있다.
시그모이드 함수가 대표적이다.
S자 모양을 하고 있다.
y값이 0에서 1까지다.
입력 데이터의 합에 따라
y값이 출력된다.

함수, 인공지능을 가능하게 한다

뇌의 단일 뉴런은

오늘날에도 우리가 이해하지 못하는 엄청나게 복잡한 기계이다.

신경망의 단일 '뉴런'은

믿을 수 없을 정도로 간단한 수학적 함수인데,

생물학적 뉴런 복잡성의 아주 작은 부분을 포착해낸다.

A single neuron in the brain is an incredibly complex machine

that even today we don't understand.

A single 'neuron' in a neural network is an incredibly simple

mathematical function that captures a minuscule fraction of the

complexity of a biological neuron.

—

컴퓨터과학자 앤드류 응(Andrew Ng, 1976~)

$>$

프로그래밍은 많은 함수를 필요로 한다. 그런 함수를 통해 각 단계마다 필요한 연산을 처리한다. 그래서 프로그래밍을 배울 때 함수라는 말을 일상적으로 사용한다. 프로그래밍에서 함수란, 일정한 일이나 기능을 수행하는 프로그램의 집합을 말한다. 기능에 따라 어떤 함수인지를 지칭하는 말을 붙여 사용한다.

프로그래밍에서의 함수라는 말은 수학에서의 함수와 그 개념이 같다. 원소 하나를 다른 원소에 대응시키듯이, 데이터를 입력하면 그에 따른 결과를 출력한다. 일차함수, 이차함수라고 부르듯이, 함수의 특성에 맞는 이름을 붙여준다.

수학에서 자주 사용되는 수식을 공식이라고 부른다. 넓이 공식, 곱셈공식, 근의 공식처럼 말이다. 프로그래밍에서도 자주 사용되는 함수인 경우는 공식처럼 여겨진다. 명칭과 기능을 통일해서 사용한다. 프로그래밍 언어에서는 그런 함수들을 내장함수라고 하여 기본적으로 제공한다.

프로그래밍에 필요한 함수는 정해져 있지 않다. 상황에 따라 필요에 따라 얼마든지 새로운 함수를 정의해 사용할 수 있다. 수학에서 늘 새로운 함수가 정의되어 등장하는 것과 같다. 필요하다면 새로운 함수를 만들어 사용하면 된다.

```
>>> abs(3)
3
>>> abs(-3)
3
>>> abs(-1.2)
1.2
```

절댓값을 알려주는 함수 abs( )
프로그래밍 언어인 파이썬에서
사용되는 함수다. 입력된 수의
절댓값(absolute value)을 출력한다.
영어 단어의 첫 세 글자를 따서
함수의 이름을 붙였다.

```
>>> def pythagoras(a, b):
...     result = a*a + b*b
...     return result
...
>>> a = pythagoras(3, 4)
>>> print(a)
25
```

새로운 함수를 정의하는 def
파이썬에서 피타고라스의 정리를 다룬 pythagoras
함수를 정의해봤다. (a, b)를 입력하면 a^2+b^2을 출력한다.
(3, 4)를 입력했더니 25가 출력되었다.
define(정의하다)의 첫 세 글자인 def를 사용해
새로운 함수를 정의한다.

5부_ 인공지능 시대의 함수

여러분은 HTML을 갖고 있고, 많은 HTML을 뱉어낸다.

무언가를 하는 함수를 호출하고 그다음 다른 함수를 호출한다.

나는 그런 일들이 이해된다.

It makes sense to me that you have HTML, you spit out a bunch of HTML,

then you call a function to do something and then call another function.

—

프로그래머 라스무스 러도르프(Rasmus Lerdorf, 1968~)

나는 어떤 함수, 어떤 프로그램인가?

저는 '함수가 프로그램이다'라는 관점에서 이야기를 풀어왔습니다. 상자보다는 프로그램이 함수에 대한 비유로 더 적합하다고 깨달았기 때문입니다.

함수를 공부할 때면 강조되는 게 무엇이었나요? (제 경험 속에서는) 집합에 속해 있는 원소 간의 대응, x에 대한 y의 대응이 주로 강조되었던 것 같습니다. 함수를 원소의 입장에서 주로 다뤘습니다. 하지만 함수의 직접적인 대상은 원소가 아닌 집합입니다. 집합 하나를 다른 집합에 대응시킵니다. 그래서 함수를 프로그램이라고 한 겁니다.

프로그램인 함수는, 구체적인 존재나 현상 하나를 바꾼다기보다 그 대상들이 포함되어 있는 판을 통째로 바꿔버립니다. 대상 전부를 바꿔버리기에, 그만큼 변화의 폭이 넓습니다. 얼굴에 있는 입술만 바꾸는 화장이 아니라, 얼굴 전체를 바꿔버리는 성형수술 같습니다. 컴퓨터의 시대에 접어들어 변화가 다방면에서

빨라지는 것도, 함수 역할을 하는 각종 프로그램이 쏟아지기 때문이 아닐까 합니다.

사람도 알고 보면 일종의 함수가 아닐까 생각합니다. 그때그때의 자극을 데이터로 입력받아, 가장 적합하다고 여겨지는 판단이나 선택을 출력하니까요. 그리고 그 선택에 따라 자신을 둘러싼 환경을 바꿔갑니다. 어떤 함수이냐에 따라 그 선택과 행동, 영향력은 달라지겠죠.

친구들과 다툼이 있을 때, 가다가 길 잃고 헤매는 사람을 봤을 때, TV에서 화려한 삶을 살아가는 사람들을 봤을 때처럼 일상에서 나는 어떻게 반응했더라……. 나 자신은 어떤 함수일까를 생각해봅니다. 너무 뻔한 함수? 개성 넘치고 예측 불가능한 함수? 섹시한 함수? 자신조차 이해하기 어려운 난해한 함수? 나 스스로가 봐도 제법 괜찮은 함수, 이웃들에게 즐거움과 보탬을 주는 함수가 되도록 살아가야겠습니다. 감사합니다.

"Dynamism is
a function of change."

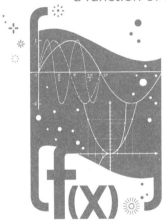

청소년을 위한 즐거운 공부 시리즈

청소년을 위한 사진 공부
사진을 잘 찍는 법부터 이해하고 감상하는 법까지
홍상표 지음 | 128×188mm | 268쪽 | 13,000원

20여 년을 사진작가로 활동해온 저자가 사진의 탄생, 역사와 의미부터 사진 촬영의 단순 기교를 넘어 사진으로 무엇을, 어떻게 소통할지를 흥미롭고 재미있게 들려주는 책이다.

책따세 겨울방학 추천도서

청소년을 위한 시 쓰기 공부
시를 잘 읽고 쓰는 방법
박일환 지음 | 128×188mm | 232쪽 | 12,000원

시라는 게 무엇이고, 사람들이 왜 시를 쓰고 읽는지, 시와 일상은 서로 어떻게 연결되고 있는지, 실제로 시를 쓸 때 도움이 되는 이론과 방법까지 쉽고 재미있게 풀어내는 책이다.

행복한아침독서 '함께 읽어요' 추천도서

청소년을 위한 철학 공부
열두 가지 키워드로 펼치는 생각의 가지
박정원 지음 | 128×188mm | 252쪽 | 13,000원

시간과 나, 거짓말, 가족, 규칙, 학교, 원더랜드, 추리놀이, 소유와 주인의식, 기억과 망각 등 우리 삶과 떼려야 뗄 수 없는 주제들로 독자들이 흥미롭고 재미있게 철학에 접근할 수 있도록 펴낸 길잡이 책이다.

지노출판은 다양성을 지향하며 삶과 지식을 이어주는 책을 만듭니다.
jinobooks.com

청소년을 위한 보컬트레이닝 수업
제대로 된 발성부터 나만의 목소리로 노래 부르기까지

차태휘 지음 | 128×188mm | 248쪽 | 13,000원

건강하게 목소리를 사용하고 노래를 잘 부르기 위해 알아야 할 몸
의 구조부터 호흡과 발성법, 연습곡의 선별 기준 등등 기본기를
확실히 익힐 수 있는 보컬트레이닝의 세계로 안내하는 책이다.

학교도서관저널 추천도서

청소년을 위한 리걸 마인드 수업
시민력을 기르는 법 이야기

류동훈 지음 | 128×188mm | 200쪽 | 15,000원

법학박사 류동훈 변호사와 함께하는 슬기로운 법 이야기! 헌법,
민법, 형법의 가장 기본적이며 기초적인 내용을 중심으로 자연스
레 '리걸 마인드'를 습득할 수 있도록 안내하는 책이다.

학교도서관저널 추천도서

팬픽으로 배우는 웹소설 쓰는 법
청소년을 위한 소설 글쓰기의 기본

차윤미 지음 | 128×188mm | 232쪽 | 12,000원

아이돌 팬픽을 소재로 누구나 쉽고 재미있게 소설 글쓰기에 다가
갈 수 있도록 구성된 책으로, 내가 왜 글을 쓰는지, 내가 왜 세상
의 반응을 궁금해하는지 등을 곰곰이 생각해볼 수 있다.